Arrival
of the
Fittest

适者降临

[美] 安德烈亚斯·瓦格纳◎著

（Andreas Wagner）

祝锦杰◎译

浙江人民出版社
ZHEJIANG PEOPLE'S PUBLISHING HOUSE

进化论的最大谜题：自然如何创新？

1. "基因"（gene）这个概念的提出者是下列哪位？（　　）

    A. 达尔文   B. 孟德尔

    C. 德弗里斯   D. 威廉·约翰森

2. 下列氨基酸中属于人体必需氨基酸的有哪些？（　　）

    A. 赖氨酸   B. 色氨酸

    C. 亮氨酸   D. 谷氨酸

3. 让基因型不同而表现型相同成为可能的是下列哪项？（　　）

    A. 发育稳态   B. 中性突变

    C. 沉默基因   D. 各色环境

4. 新性状起源的关键是什么？（　　）

    A. 新陈代谢   B. 自我复制

    C. 自然选择   D. 基因型网络

5. 科学技术与自然创新的相似之处有哪些？（　　）

    A. 试错　　　　　　　　B. 人海战术

    C. 多起源　　　　　　　D. 优化组合

6. 达尔文进化论的局限在于无法解释什么？（　　）

    A. 遗传现象　　　　　　B. 新性状的起源

    C. 生命的起源　　　　　D. 自然如何创新

想要获取生命多样性和进化动力的奥秘吗？
扫码获取"湛庐阅读"APP，
搜索"适者降临"查看测试题答案。

世界够大，时间够多

1904 年春天，任职于加拿大麦吉尔大学（McGill University）、年仅 32 岁的新西兰物理学家欧内斯特·卢瑟福（Ernest Rutherford），在世界范围内成立了最早的科学组织伦敦皇家自然知识促进学会，并举办了一场演讲，演讲主题为"放射现象和地球年龄测定"。

当时的科学家对《圣经》里认为地球年龄只有 6 000 年历史的说法早就嗤之以鼻了，最广为认同的年龄测定是由另一位物理学家威廉·汤姆森（William Thomson）计算出来的，而他更为人熟知的称呼是"开尔文勋爵"。开尔文勋爵用热力学定律和地表导热系数测定出地球大约有 2 000 万年的历史。

从地质学的角度来看，2 000 万年并不算很长，然而它的影响却非常深远。假如按照今天火山运动和地貌侵蚀的速度来算，2 000 万年对于地球独特地貌景观的塑造根本不值一提，但达尔文提出的以自然选择为基础的进化理论却成了直接受害者。达尔文曾说，"威廉·汤姆森先生对地球年龄的测定极度困扰了我"，因为他知道地球生物从上一次冰河世纪结束后就没有发生过太大变化。据此达尔文推测，创造所有生物所经历的岁月必定非常悠久，不管是现存的还是已经成为化石的，2 000 万年对于创造一个多样的生物界是远远不够的。

卢瑟福在发现放射性元素半衰期现象的几年后，逐渐发现开尔文勋爵的说法是错误的，他曾回忆道："我走进演讲大厅，里面非常昏暗，但我还是在观众席中发现了开尔文勋爵，感觉甚是尴尬，特别是在讲最后一段关于地球年龄的部分时，因为我们的观点是相互冲突的。放射性元素会发生衰变并在衰变过程中释放巨大的能量，这类元素的发现使得我们对地球年龄的测算更加准确了。生物在地球上的起源时间得以大大提前，地理学家和生物学家提出的进化过程纵使缓慢，也成了可能。"

开尔文勋爵逝世于 1907 年，次年卢瑟福获得了诺贝尔奖。截至 19 世纪 30 年代，用放射性测量法估算出的地球年龄大约是 45 亿年，于是生物有了足够的时间在缓慢的进化过程中创造出多样性和复杂性，达尔文的进化理论也得以保全。

然而，真的是这样的吗？

作为自然界最出色的捕食者之一，游隼（falco peregrinus）是完美生物的代表。它有着极度轻盈的骨骼和健壮的肌肉，也是目前地球上飞行速度最快的动物。在旋转俯冲时，隼的飞翔速度可以超过每小时 200 千米。当隼俯冲而下用利爪抓住猎物时，由极高时速带来的冲击力几乎可以瞬间将猎物置于死地。即使不能，它也可以用锐利的喙折断猎物的脊柱。

游隼有一双锐利的眼睛帮助它们迅速捕捉到活动的猎物。隼的视力是人眼的 5 倍，也就是说就算在 1.5 千米之外，它们也能看清楚一只鸽子。和其他的捕食者一样，隼有一种所谓的瞬膜结构，又称"第三眼睑"。瞬膜有点像挡风玻璃，能在高速飞行时帮助阻挡飞尘并保持眼球湿润。隼的眼睛还拥有更多的光受体及视杆细胞，使它能在昏暗的光线下看清事物，甚至看到紫外线。

大自然的创造充满了神奇之处，但更奇妙的是，每一种不可思议的生物特性都是从一个极小的分子开始的，在漫长的世纪进化中，经过无数次的演变，最后交由大自然精挑细选。游隼的喙、爪子和羽毛的主要成分同人类的毛发和指甲一样，都是一种叫作角蛋白的蛋白质分子。色觉主要依靠视蛋白，而视觉的敏锐性与晶状体蛋白息息相关。

大约在 5 亿年前，世界上出现了第一种能够合成晶状体蛋白的脊椎动物，而视蛋白在 7 亿年前就已经出现了。它们出现的时候，生命已经在地球上居住了超过 30 亿年。对于那些复杂的生物大分子而言，30 亿年的时间听起来就比较符合情理了。每个视蛋白和晶状体蛋白都是由 20 种氨基酸按一定顺序结合形成的多肽链，再由一条或一条以上的多肽链按照特定规则结合形成高分子化合物。如果只有一种氨基酸能够感知光波或是构成透明的晶状体，那我们要从多少条含有数百个氨基酸的多肽链中才能筛选出我们需要的那条呢？假设一条氨基酸链上有两个氨基酸，那么第一个氨基酸有 20 种选择，第二个也是，如此一来，总共将会有 20^2 种氨基酸链的可能组合。如果一条氨基酸链上有三个氨基酸，那么最终的组合方式将会是 20^3 种可能。以此类推，如果是 4 个氨基酸组成的多肽，将会有

16 万种氨基酸的可能排列方式。对于一条含有 100 个以上氨基酸的蛋白质（晶状体蛋白或视蛋白的链还要更长），可能的多肽链将超过 10^{130} 种。

为了让你感受一下这个庞大的数字，我们来举一个例子。宇宙中数量最多的原子是氢原子，物理学家估计氢原子的数量可达到 10^{90} 个，具体来说就是 1 后面跟着 90 个 0。如此一来，蛋白质的可能数量就不仅仅是宇宙级了，而是超宇宙级：远远超过了宇宙中的氢原子数目。要从这么多可能的蛋白质中找出唯一正确的那条，概率甚至比赢得自宇宙大爆炸以来的每一年的乐透都小。如果亿万种生物从生命出现伊始每分每秒都在寻找那条特定的氨基酸链，那么到现在为止也可能只尝试了 10^{130} 种蛋白质中极小的一部分，甚至都还没找到视蛋白。

17 世纪的诗人安德鲁·马弗尔（Andrew Marvell）曾叹息，"只要我们的世界够大，时间够多"，为了避免那"无垠永恒的荒漠"，他无心关注时间长河下的自然奥秘，只想和情人享受片刻的欢愉。这里我们对这首诗的关注点在于悠远漫长的时间。在无尽的时光中，自然选择加上生物的变异，迟早会让一种叫游隼的生物进化出那双锐利的眼睛。达尔文进化论的主流观点是，优势性状赋予生物的优势，无论多么微不足道，都将在生物漫长的繁衍生息中被无限放大，这个观点解释了包括游隼在内的所有生物的多样性。

自然选择的神奇之处是毋庸置疑的，但它也有自身的局限性。**自然选择能保留由变异产生的新性状，却不能创造它们。**认为变异总是随机的观点，暴露了我们对变异的无知。**自然界众多的生物性状，如果没有大自然对于生物进化的助益，其中许多近乎完美的结构可能永远都不会出现，而这种助益正是生物进化的能力。**

过去 15 年中，在纽约和瑞士苏黎世大学的实验室里，在一群才华横溢的科学家的帮助下，我有幸得以对这些奇妙的自然规律展开研究。我们使用了在达尔文和卢瑟福年代无法想象的先进实验方法和精准的计算技术，希望解释生命多样性和进化能力的来源。目前的研究数据告诉我们，进化的奥秘远远不止我们的肉眼所见。**神秘的自然规律隐藏在每个精巧的 DNA 里，隐藏在每个独一无二而又美丽动人的生命体中。**

这本书的主题就是对那些自然规律的探索。

01　达尔文进化论的局限　/001

达尔文进化论的局限在于，它无法解释遗传现象。生命起源于何处？更好、更强的适者从何而来？大自然如何无中生有，如何创新？达尔文的进化论是人类历史上杰出的学术成就，但生物进化的秘密远不是达尔文进化论所能穷尽的。生物学在20世纪发生了翻天覆地的变化，现代技术得以带领我们探索生命进化的动力和起源。

02　新性状的起源　/035

新性状的出现有赖于新的分子和合成这些新分子的化学反应的存在。生命以及生命背后驱动新性状出现的动力并不是神秘莫测的东西，这种动力本身和生命一样古老。我们还不知道生命到底是如何从最简单的形式进化出了如此高的复杂性，但我们知道，生命的开端不是一个自我复制的分子，而是一张新陈代谢的网络。

03　宇宙图书馆　/073

一种生物所具有的全部生化反应构成了这种生物的新陈代谢。新陈代谢进化的本质在于重新组合。生命时刻在尝试每一种可能的基因新组合，重新解读，重新编译，然后重新布局代谢遗传，毫不停歇，从而造就并提升着代谢的多样性。新的代谢能力是不断驱动生命拓展最前沿阵地的引擎。

ARRIVAL OF THE FITTEST

01
达尔文进化论的局限

Solving Evolution's

Greatest Puzzle

达尔文进化论的局限在于，它无法解释遗传现象。生命起源于何处？更好、更强的适者从何而来？大自然如何无中生有，如何创新？达尔文的进化论是人类历史上杰出的学术成就，但生物进化的秘密远不是达尔文进化论所能穷尽的。生物学在 20 世纪发生了翻天覆地的变化，现代技术得以带领我们探索生命进化的动力和起源。

萨莉·加德纳（Sallie Gardner）可以算作世界上第一位电影明星。1878 年，年仅 6 岁的"她"以惊艳的银幕处女秀宣告了电影的诞生。出生于英国的摄影师埃德沃德·迈布里奇（Eadweard Muybridge）想要解决一个当时让不少人都夜不能寐的问题：一匹奔马的四条腿会不会在某一刻全部离开地面？现在我们知道，答案是肯定的。而当时迈布里奇在马奔跑的路径上设置了 24 台摄像机，把一匹马飞奔而过的一系列照片用诡盘投影机 ① 放映，萨莉就是那匹被拍摄的马。迈布里奇拍摄的布满噪点、镜头严重抖动的默片时长仅有一秒钟，这和 21 世纪初我们司空见惯的高清立体声环绕电影简直天差地别。然而从迈布里奇的片子发展到现代电影只用了近一个世纪的时间，并没有比达尔文发表的《物种起源》差多少。后者只比萨莉的亮相早了 19 年。

在那个世纪里，生物学领域的变迁甚至比电影技术更加剧烈。生物学革命打开了新世界的大门，如果是达尔文面对这些新图景，恐怕他的感受就

---

① 诡盘投影机，一种将一系列静止照片滚动播放形成运动画面的仪器。——译者注

像穴居人面对着浩瀚的宇宙。新的知识帮助我们解答了一个有关进化论的重
要问题，一个达尔文和他之后的科学家都无法回答，甚至无法触及的问题：
更好、更强的最适者从何而来？生命起源于何处？大自然如何能无中生有？

看到这里你可能不禁会疑惑，意识到生物可以进化并解释这种进化的发
生原理，难道不正是达尔文进化论的伟大之处吗？不正是达尔文留给后人的
财富吗？是，但也不是。毋庸置疑，达尔文的理论是那个时代乃至人类历史
上杰出的学术成就。但生物进化的秘密远不止达尔文在进化论中所探讨的问
题。事实上，达尔文甚至都没有意识到有关生物进化最核心的问题，更遑论
解决。要说明来龙去脉，我们首先要看看达尔文在提出进化论的时候知道些
什么、不知道些什么，他的进化论中又有哪些观点是走在时代前面的，而哪
些不是。继而我们就会理解，为什么在一个多世纪之后的今天，我们才开始
探讨"生命到底如何起源"这个问题。

人类早在达尔文生活的时代之前就已经开始关注生物的进化现象。
2 500 多年前，古希腊哲学家阿那克西曼德（Anaximander）——"日心说"
的祖师爷[①]，认为人是由鱼变来的。14 世纪的伊斯兰历史学家伊本·赫勒敦
（Ibn Khaldun）则认为，生命会沿着从矿物到植物再到动物的顺序发生演变。
许多年之后，19 世纪的法国解剖学家艾蒂安·若弗瓦鲁·圣伊莱儿（Etienne
Geoffroy Saint-Hilaire）根据爬行动物的化石总结出，生物能够随着时间的推
移发生变化。1850 年，就在达尔文出版《物种起源》的 9 年前，维也纳植物
学家弗朗兹·昂格尔（Franz Unger）提出，所有植物都是藻类的后代。另外，

[①] 波兰天文学家哥白尼在 1543 年的《天体运行论》里提出了"日心说"。但是早在古希腊，阿那克西曼德
就已经提出了"太阳中心"的宇宙观。——译者注

法国动物学家让 - 巴蒂斯特·拉马克（Jean-Baptiste Lamarck）则坚持，生物进化的动力来自"用进废退"①。

这些早期的学者似乎都预见到了生物进化的存在，然而，只要你稍微深究一下就会发现这些理论中的不实之处。比如阿那克西曼德认为人最初藏于鱼腹，待到孕育成熟，遂破鱼腹而出，诞于世间。这些与现今科学完全相悖的信条，在达尔文的时代依然大行其道。唯有一个观点受到了从古希腊到拉马克时代众多科学家的追捧：低等生物是由自然界的非生命物质自发生成的，比如湿泥巴。

在达尔文时代来临之前，进化理论已经拥有了众多支持者，当然反对的声浪也同样喧嚣。我所说的支持者和反对者与当今"年轻地球创造论"（young earth creationist）的信徒不是一回事，该理论的支持者普遍接受过半吊子的教育，往往自以为是、目空一切，他们相信地球是在公元前 4004 年 10 月的一个周六的夜晚被创造出来的。他们还相信诺亚方舟拯救了 100 多万种物种，只是诺亚可能忘了把恐龙带上船。鉴于当时诺亚已经 600 岁了，爱忘事似乎也情有可原。我所说的进化理论的反对者，都是当时科学界的巨擘，其中之一是著名法国地质学家、古生物学创始人乔治·居维叶（Georges Cuvier）。

古生物学的字面意思是"研究古代生物的科学"，例如恐龙。居维叶发现，古老岩层里的化石与年轻岩层中的差别巨大，而年轻岩层中的化石显示，它们与今天的生物十分相似。即便如此，他依旧坚信每种生物都是独一无二的，生物独特的形态不会变化，而只在极小的范围内存在个体差别。另一个反对者是卡尔·林奈（Carl Linnaeus），他仅仅比达尔文早出生了一个世纪。

① 用进废退，指经常被使用的生物器官和功能得以增强，而不被使用的则会退化。——译者注

林奈是现代生物分类体系的鼻祖，然而这位分类学创始人直到晚年都视生物进化为谬论。

基督教的教义是解释这种抵触情绪最好的理由。对居维叶来说，他在化石中看到的生物多样性并不意味着生物可以进化，而是印证了造物主无与伦比的创造力。不过，还有一个更重要的原因则要追溯到古希腊哲学家柏拉图。柏拉图对现代西方思想的影响十分深远，20 世纪的哲学家阿尔弗雷德·诺斯·怀特海（Alfred North Whitehead）曾直言，欧洲哲学的发展不过是循着"柏拉图的脚印"罢了。

柏拉图哲学深深植根于抽象的数学和几何学世界。在柏拉图的世界观里，可见的物质世界反倒是海市蜃楼，不过是更高等的世界投射下的一掠缩影而已，那个更高等的世界是由各种图形组成的几何世界，比如三角形和圆形。对于柏拉图学派的人来说，篮球、网球和乒乓球有一个共同的本质，那就是球状的外形。每种球的物理特征无论如何变化，都不过是虚无的幻影，只有完美的、几何的、抽象的球形本质才是真实的。

对于像林奈和居维叶这样的科学家来说，要实现自己的目标，即把混乱无序的生物多样性以某种方式组织起来，柏拉图式的物种概念显得方便实用：每个物种都拥有区别于其他物种的不变本质。正是因为这种"不变的本质"，所以爬行动物中没有腿和眼睑的物种被称为"蛇"。在这种柏拉图式世界观的影响下，博物学家们的日常任务就变成了寻找物种的特质。这样说反倒是轻描淡写了，事实上，在本质主义的世界观里，"物种的特质"和"物种"这两个概念的界限是模糊的，特质即物种。

　　与之对比鲜明的恰恰是真实的世界，现实的自然界不断喷吐着新物种，并与原有的物种相互交融。生活在白垩纪晚期的真足蛇（eupodophis）拥有退化的后肢，而幸存至今的脆蛇蜥（glass lizard）则没有四肢。真足蛇和脆蛇蜥只是众多位于物种模糊边界的代表之一。生物进化的纷繁世界无疑是追求简洁和秩序的本质主义者的死敌。因此，当20世纪的动物学家厄恩斯特·迈尔（Ernst Mayr）称柏拉图以及他的信徒是"进化论者最伟大的敌人"时，也就情有可原了。

　　在帮助达尔文主义者占据上风的过程中，真足蛇化石只不过是证据之山上的一块鹅卵石而已。在达尔文生活的时期，分类学家已经将数千种生物归类，并且意识到了它们之间的相似性。地理学家已经发现地球的表面并不像看上去那样宁静祥和，新的地貌不断出现，板块之间时刻发生着折叠及岩层断裂。古生物学家在不同的岩石层中发现了不同年代的生命体，在较为年轻的地层里的生物化石往往和现今的生物相似，而那些在古老岩层里的化石则显得十分不同。胚胎学家已经向世人指出，在海里自由自在划水遨游的虾与偷偷附着在船体上远渡重洋的藤壶，在胚胎发育阶段十分相似。探险家，包括达尔文在内，则找到了许多发人深省的生物地理学模式。比如越小的岛屿上物种越少，同一个大陆东西两侧的海岸线上往往栖息着十分不同的动物种系，欧洲和南美洲的哺乳动物种类全然不同。

　　如果生物多样性建立在每一个物种被独立创造的基础上，那么局面就会像一团"剪不断，理还乱"的乱麻。而达尔文，有史以来最伟大的理论学家之一，将它们编织成了自己理论中的美丽丝线。他无畏地向创世论者宣战，宣称所有的生物都有共同的祖先，把《创世记》从辩论桌上掀翻在地。

生物可以进化只是达尔文卓越的洞见之一，除此之外，他还提出了自然选择理论。这个自然界的中心法则是他在观察动植物选种的过程中偶然想到的。《物种起源》的整个第1章都在赞叹人类育种师培育的狗、鸽子、农作物以及观赏花卉的多样性。在短短100年里，人类就从同一个祖先中先后驯养出了大丹狗、灰狗、英国斗牛犬、吉娃娃等各种品类的狗。达尔文从这个令人惊叹的人工选择过程中意识到，自然选择应该也遵循着相似的原则，只不过它所历经的时间会更长、范围也更广。新物种的变异每时每刻都在发生，虽然绝大部分变异都稍显逊色，只有极少部分变异能够得到优等的性状。但无论优劣，它们都得符合一个相同的标准，那就是自然选择：只有适者才能得到生存和繁衍的机会。这个过程几乎完美地解释了生物多样性，遗传学家西奥多修斯·杜布赞斯基（Theodosius Dobzhansky）曾说：“只有在进化论的光芒照耀下，生物学的一切才有意义。”

不过，这道进化论的光辉仅仅照亮了无数自然奥秘中的一小部分，还有一个它鞭长莫及的藏匿在黑暗中的疑问是：遗传机制。亲代将自己的遗传物质传给子代的时候，如果没有稳定的遗传机制作为保证，遗传性状，比如鸟的翅膀、长颈鹿的脖子、蛇的尖牙，就无法稳定延续下去。如果没有遗传，自然选择也就成了空中楼阁。达尔文对自己无法解释遗传的原因十分坦诚，他曾在《物种起源》中提到：“遗传的法则仍旧充满未知。”这种真诚袒露自身无知的行为令人深感敬佩。

达尔文的理论就像萨莉奔跑的镜头，与静态摄影相比，那部时长一秒钟

的默片在当时意味着革命性的超越，但离现代成熟的长篇电影依旧还有弱水之隔。事实上，在达尔文逝世的时候已经有人提出了遗传机制理论，只是人们并不知晓。在达尔文出版《物种起源》3年前的1856年，遗传学的奠基实验就已经开始进行了。令人唏嘘的是，即使是开展那个实验的科学家本人，也无缘在世期间一睹他的研究给生物学界带来的颠覆性改变。

这位科学家就是奥地利修道士格雷戈尔·孟德尔（Gregor Mendel），他曾经就读于维也纳大学，之后便进入了布隆城圣托马斯修道院。在成为该修道院的院长前，孟德尔一直进行着豌豆实验，研究过的豌豆数量超过了两万粒。孟德尔在实验中特意选择了豌豆作为实验对象，因为豌豆有许多区别明显的相对性状：有的豌豆是黄色的，表面光滑；有的则是绿色，表面褶皱。最理想的是，这些性状都没有介于中间的过渡形态。类似的性状还有豌豆的花色、荚形和茎秆长度。孟德尔对性状不同的豌豆进行了杂交，并对大量的子代豌豆做了细致入微的分析。

孟德尔从对后代的研究结果中发现，同一个性状之间不会互相交融，比如第一代豌豆的表皮不是光滑就是褶皱，杂交得到的豌豆亦然，而没有出现介于两者之间的中间性状。另外，不同的性状以相互独立的方式遗传，杂交豌豆中黄色的豌豆可以是表皮光滑，也可以是表皮皱褶，而绿色的豌豆同样如此，因此子代的某些性状组合是第一代豌豆所没有的。每种遗传性状就像不可分割的基本单位，并且在遗传中呈现离散分布。从豌豆颜色和表面纹理的遗传中可以推测，豌豆总是成对携带控制每个性状的遗传单位，而在杂交时每个亲本只把其中一个传递给后代。只有这样，不同的性状才能以稳定而相对独立的方式进行遗传。

孟德尔在远离时代科学大潮的修道院里完成了他的研究，但他在最后犯了一个后来许多人都犯过的致命错误：他把自己的研究成果发表在了一本不入流的本地杂志上，那是一本以爱好自然为主题的刊物。更糟糕的是，在孟德尔逝世之后，他的继任者烧毁了他的著作。不过在孟德尔的论文发表34年后，"沉睡多年的睡美人"还是被荷兰植物学家雨果·德弗里斯（Hugo De Vries）唤醒了。德弗里斯独立完成了类似于孟德尔的实验。

时至今日，历史学家对于德弗里斯的研究究竟是自己独立完成的，还是剽窃了孟德尔的成果这一点依旧争论不休。毕竟，孟德尔的理论不仅姗姗来迟，而且迟了整整30多年，换谁都有可能希望借此让自己名垂青史。无论如何，德弗里斯唤醒了孟德尔定律，醒来的睡美人一发不可收，迅速在生物界确立了地位，成为一个全新的分支，也就是现在广为人知的遗传学。孟德尔式的遗传性状存在于许多动物、植物及人类身上。有些性状比较生僻，比如耳垢的黏稠程度（干或湿）；而有的性状则至关重要，比如血型种类（A型、B型或O型）；还有一些则与遗传病有关，比如镰刀形红细胞贫血病。

其实德弗里斯至少得到了一个慰问奖，他是遗传学名词"基因"（gene）的提出者，这个词的重要性不言而喻。德弗里斯把孟德尔所说的遗传因子命名为"泛子"（pangenes），后来遗传学家威廉·卢德维格·约翰森（Wilhelm Ludvig Johannsen）又选择舍弃了前缀"pan"。

约翰森对现代生物学的贡献还包括另外两个重要的名词，他创造了"基因型"（genotype）和"表现型"（phenotype）这两个词，并对它们进行了定义。用今天的话来讲，基因型是指生物个体所有基因的遗传构成，而表现型则是生物个体表现出来的性状：生物的大小、颜色，是否有尾巴、羽毛或外壳等。从理解这两个词的区别开始，我们才能够进一步辨别生物进化中性状演变的因果关系。举例来说，生物学中有个词叫"变异"（mutation），200 多年前人们就曾用它来表示生物体外观上发生的显著改变。

20 世纪初期，变异既用于形容孟德尔式的遗传变化，同时也被用于表达单纯的外观变化，对生物体变化的因果关系研究造成了巨大的混淆。一个世纪之后我们才知道，变异改变的是基因型，比如远古动物体内视觉蛋白的变异。所谓的"变异"往往会影响生物的表现型，有些表现型对生物发育至关重要，比如只有视蛋白的出现，我们才能看到这个多姿多彩的世界。

只有辨清了基因型和表现型之后，我们才能探讨那个对理解生命进化无比重要的问题：变异到底是如何改变表现型的？这是达尔文没有解开的另一个谜题：新性状从何而来？新的变异，尤其是那些能够延长生物体寿命、增加异性吸引力、提高繁殖能力的变异到底从何而来？有人可能会觉得理所当然：变异和新性状的产生当然是随机的，听天由命。这种虚无的解释至今仍有不少拥护者，不过达尔文深知这个解释没有任何意义，他在《物种起源》中讨论变异的章节是这样开篇的：

> 一直以来，我自己都时不时把变异……发生的原因归因于天意。这种说法除了是彻头彻尾的错误之外，还暴露了我们对变异的原因一无所知的事实。

对达尔文来说，变异是个大问题，因为自然选择本身并不会导致变异。

自然选择不创造新的变异体，而仅仅是对已存在的变异体进行选择。达尔文的确意识到了自然选择在生物进化中的正面作用，却始终无法参透变异的来源。

那么这个问题到底有多重要？试想一下，当今的我们和地球上最早的生命体之间每一丝细小的差异，都意味着曾经发生过的一次进化，是生命面对生存的挑战时做出的适应性改变。这些挑战涉及方方面面，可能是把光能转化成化学能，或者把食物转化为能量，又或者是在栖息地之间长途迁徙。海洋里的每一汪水，陆地上的每一块草地、每一片森林和荒漠、每一个城市和乡村，地球表面的每个角落都存有生命的踪迹，每一个生命都在自己最适宜的环境中生龙活虎、繁衍生息，同时寻找着更优良的新性状。

这些适合生存的新性状，从最常见的光合作用、呼吸作用，到保护爬行动物的鳞片和为鸟类保温的羽毛，还有起到连接作用的结缔组织和内骨骼。有的性状相对复杂，而有的则相对简单。无论是小如仅有 10 微米的细菌鞭毛，还是大如 3 米长的蓝鲸尾鳍，它们存在的原因无非都是生命在进化中的某个阶段，出现了适应特定环境的新变异。

自然选择没有，也无从创造这些新性状。在达尔文去世几十年之后，雨果·德弗里斯清楚地意识到了这个问题：“自然选择可以解释最适者何以生存，却无法解释最适者如何降临。”如果我们无法理解最适者从何而来，那么我们也就无法解释当今生命所展示的惊人多样性。

生命具有进化的能力。不仅如此，生命在变异的同时依旧能够通过稳定

的遗传保留已有的性状，它同时具有可变性和保守性。在 20 世纪早期，生物学家对其中的奥秘无从得知，这也在情理之中，因为离解决这些问题所需的生物实验技术和计算工具登场还有将近一个世纪的时间。

事实上，当我们回过头来看，20 世纪早期的科学家意识到基因型和表现型的区别，就已经是一件非常了不起的事了。同孟德尔和迈布里奇一样，他们对自己所研究的东西充满了疑惑，甚至不确定"基因"到底是不是真实存在。它可能像重力一般无影无形，但也有可能切实存在，能够从生物体内分离出来并在实验室里单独进行研究。直到多年之后我们才知道，基因存在于染色体上，是由 DNA 构成的分子片段。

在发现基因的物理本质之前，先是由达尔文点燃了一场生物革命的星星之火，而孟德尔的发现则像一阵狂风使得火势肆无忌惮地蔓延开来。但是离散、单位化并不是所有遗传方式的特征，最简单的反例恰好来自我们的日常生活。比如，一个身高 1.8 米的男人和一个 1.5 米的女人生育后代，根据遗传的离散性规律，他们孩子的身高不是 1.8 米就是 1.5 米，不应该出现介于两者之间的中间值。但我们知道事实并非如此，他们孩子的身高在一个区间内呈连续分布。同样的道理，这些孩子的相貌、肤色、身形等亦然。达尔文之后的博物学家在自然界发现了许多呈连续性分布的遗传性状：作物的产量、鸡蛋的重量、树叶的形状。总而言之，这种性状是大多数生物性状的遗传特征，它的重要性由此可见一斑。

离散和连续，到底哪一个对进化而言更重要？这一问题又激起了科学家们此起彼伏的争论。以达尔文为早期代表的自然主义者和渐进主义者倾向于关注微小的连续性变异；而另一些学者，如"孟德尔主义者""变异论支持者""突变论者"则倾向于关注孟德尔研究中的离散性突变。如果要给这个争论的双方拍一部卡通片，那么渐进主义者会说花园里的玫瑰是从它的某个五片花瓣的祖先一代一代进化而来的，而突变论者则会反驳说，只需要一次偶尔的"大突变"就能得到美丽的玫瑰，而无论它的祖先有多少片花瓣。

站在今天的角度来看，这个辩论跟中世纪学者们讨论得热火朝天的另一个问题不过是半斤八两：一个针头上究竟能够容下多少个天使跳舞？但是对于当时的达尔文主义者而言，这种辩论简直是噩梦。因为相比于自然选择，孟德尔主义者更相信突变在新性状产生过程中所起的主导作用。在他们眼里，突变才是生物进化的主要驱动力。德国动物学家理查德·戈尔德施密特（Richard Goldschmidt）曾把突变形容为"带来希望的怪物"，他举的例子则是为了适应海底生活而把双眼移到头顶的比目鱼。

虽然后来的研究证实孟德尔主义者的观点是错误的，大多数生物的进化的确有赖于漫长时间中自然选择的积累，但他们的观点也不是完全不对。困扰科学家多年的疑问不是自然选择，而是新性状到底起源于何处。但是孟德尔主义者关于变异的观点太超前了，在当时根本无法用科学的方法对遗传和变异给出解释，所以两大阵营的争论一直持续了整个 20 世纪。直到一个人们熟悉的观点再次进入大众视野，这场争论才慢慢平息并渐渐有了答案。这个观点就是：**遗传和变异不仅仅发生在个体中，同时也是一种群体现象。**

白色桦尺蠖（peppered moth）是一种不起眼的昆虫，白色的翅膀上散布

着一些黑色斑点。在树干或者地衣上，黑白斑驳的翅膀是绝佳的伪装，不易被贪婪的捕食者发现。然而，如果某个控制翅膀颜色的基因发生了变异，就会导致黑色的桦尺蠖孵化，这些变异后的桦尺蠖无法有效地伪装自己，因此很容易被鸟类发现。但是 19 世纪的工业革命却为黑色桦尺蠖助了一臂之力。那个时期的工业污染极其严重，树干和地衣都因为染上烟煤而变成了黑色，意外地成了黑色桦尺蠖的完美藏身之地，而白色桦尺蠖则不幸沦为捕食者的盘中餐。

如果自然选择当真起着重要作用，那么接下去会上演的一幕就是，随着时间的推移，黑色桦尺蠖会华丽逆袭，慢慢成为桦尺蠖群中的主流，而白色桦尺蠖将变得越来越稀少。这也正是 19 世纪在英国发生的事，黑色桦尺蠖的比例从 1848 年的 2% 猛增到 1895 年的 95%。现象只是表面的，远没有它背后的实质来得重要：我们是否可以用某种方式预测优势性状在群体中的传播速度呢？或者相反，如果我们观测到某种性状在群体中的扩散速度，那么我们能由此推算出该性状的适应性是多少吗？这些通过数学进行量化的角度是原本的进化生物学不曾有过的，它导致了生物学领域一门新兴的独立学科的诞生：群体遗传学（population genetics）。

群体遗传学的核心不是研究某个生物个体，也不是整个种群的表现型，而是种群的基因池。举个例子，决定桦尺蠖翅膀颜色的基因有许多种，也叫等位基因，不同的等位基因决定着翅膀是白色还是黑色，它们在桦尺蠖群体中的分布比例和频率各不相同。

假设在某个时间点上，某个种群里两个等位基因的数量相同，但随后出现了一个新的影响因素，可能是一种新的天敌，也可能是环境污染，导致黑色桦尺蠖存活的时间更久，繁殖的后代更多。这个优势在最初或许并不明显，但哪怕对应黑色翅膀的等位基因只增加了微小的 1%，从第一代中的 50% 增加到 51%，那么随着时间的推移，这个比例就将持续增大，直到黑色变异体占据绝大多数，这就是自然选择：**种群的等位基因频率在日积月累中影响着个体的性状比例**。

这个观点具有划时代的意义。生物学研究的方式自亚里士多德以来就不曾发生过变化，生物学家总是先仔细观察，而后进行详细的实地或实验室调研，最后对观察结果进行详细记录，但是从群体遗传学开始，生物学家迷上了数学的力量，并把各种数学工具引入了生物学，包括微分方程和方差分析等。在各路科学巨匠，如休厄尔·赖特（Sewall Wright）、霍尔丹（J.B.S.Haldane）、统计学家费希尔（R.A.Fisher）等的共同努力下，群体遗传学能够相对精确地解决关于自然选择的量化问题。于是在同一时间，博物学家纷纷在野外研究桦尺蠖种群中等位基因的频率，而实验学家则在实验室里研究能快速繁殖的果蝇。数学像红娘一样把原先井水不犯河水的两者一起牵引到了生物学的殿堂里。

群体遗传学中的新证据告诉我们，变异的概念极其宽泛，既有孟德尔式的离散性突变，也有连续性变异。孟德尔式的性状，如翅膀的颜色、豌豆的形状，都由等位基因中效力相对较强的主效基因控制；而连续性性状，比如身高，则是由多个微效基因控制的，每个基因都具有相同的效力。群体遗传学告诉我们，自然选择同时影响了这两种基因，但真正令人惊异的是自然选择在其中所起到的作用。

如果黑翅的等位基因降低了桦尺蠖被天敌捕食的概率，哪怕只是很小的几个百分点，它也能在经过几十代繁殖之后击败白色桦尺蠖而使黑色成为群体的主流。博物学家和实验学家都发现，微效基因的例子远多于主效基因，由此可见当年孟德尔在选择豌豆的时候有多么小心谨慎，毕竟他选出的性状都是由主效基因控制的，而这样的例子在自然界并不多见。进化在多数时候都是循序渐进的，不是一蹴而就的。

到了 20 世纪 30 年代，基于自然选择、遗传本质和种群思想的概念，诞生了一个新的理论：现代综合进化论（modern synthesis）。这个名字取自朱利安·赫胥黎（Julian Huxley）的同名著作。虽说是"现代"，但这个理论马上就有 100 年的历史了。和其他"百岁老人"不同的是，它没有任何衰老的迹象。在数学计算和数据分析的帮助下，这个理论更是稳扎稳打，获得了坚实的理论基础。现代综合进化论对人类生物学研究的各个领域，如追寻人类起源、研究人类迁徙、认识基因疾病等，都功不可没。如果这座知识殿堂有实体，那么几乎没有任何建筑能与它的华丽相媲美，无论是世界上最大的庙宇吴哥窟，还是艺术瑰宝泰姬陵，抑或是 13 世纪的哥特式大教堂。这是一座代表人类学术成就的宏伟殿堂。

然而，这个理论成功的背后同样隐藏着一个不太光彩的地方。现代综合进化论的创立者抛弃了生物体本身和表现型，一味执着于对基因型的研究。他们忽视了生物体本身的复杂和伟大性，有些生命体由上亿个细胞孕育而成，每一个细胞又由无数功能复杂的大分子组成。他们忽视了这些伟大的生命体是如何从一个简单的受精卵，经过无数精细而繁复的过程发育而来的，而基因又在这个过程中起了什么作用。

因为没有关注生命的复杂性，现代综合进化论的创立者侥幸避开了这个问题，结果是他们对进化最终的产物——生物体本身视若无物。为了能够把注意力全部放在基因型上，早期的现代综合进化论者将生物的表现型抽象为同一个概念：适合度（fitness）。适合度代表一个子代个体成功传递给下一代的平均基因数目，越是适应环境的生物对下一代基因池的贡献也就越大。不仅如此，他们还假设每个基因对于个体适合度的贡献基本相当，例如，个体适合度是它的每个基因适合度的简单加和。

当然，我并没有批评的意思。**现代综合进化论除了忽略生物整体之外几乎别无选择，因为用抽象的方式理解复杂事物总要付出代价：为了理解冰山的一角，你就必须用盲人摸象的方式忽略相对不重要的部分。**当爱因斯坦说"事情应该力求简单，但是不能过于简单"时，天知道他到底想要表达什么。现代综合进化论的支持者只是在尽量简化这个问题而已，以便能够理解基因和基因型在进化中的作用。这个理论之所以能成功解释自然选择也正是因为摒弃了生物的复杂性。

但是当一个理论相对成功的时候，就很容易让人忽略它的局限性，这也是现代综合进化论在其鼎盛时期所犯的错误，生命的进化被重新定义，然后被贬低到了"基因库中等位基因变化"的层次。而最主要的局限性也使它无法回答《物种起源》中的第二个关键问题：新的性状到底从何而来？现代综合进化论解释了新性状如何在种群内传播，但还是无法解释它的起源。

当然，如果说所有进化论者都忽略了生物体本身，这样的言论未免有失偏颇，还是有一小部分进化论支持者在从胚胎发育的角度研究生物体的复杂

性，但是这些胚胎学家却受到了现代综合进化论支持者的排挤。研究果蝇的
遗传学家托马斯·亨特·摩尔根（Thomas Hunt Morgan）因为解释了基因与
染色体的关系而在 1933 年获得诺贝尔奖。就在获奖的前一年，他说过这么一
句话："不管是用成年猿还是用猿的胚胎作为人类的祖先，其实真的无所谓。"

虽然群体遗传学家一直占据着生物学殿堂的前排座位，但那些在后排委
曲求全的胚胎学家一直都没有放弃过希望，相反，他们一直在竭尽全力地向
前排宣扬他们的主张。在 20 世纪后期，当进化发育生物学（简称"进化发生
学"）开始作为一门新兴学科登上生物学舞台，誓要整合胚胎发展、进化学
和遗传学的时候，那些胚胎学家曾经坚持不懈的呐喊声也渐渐得到了人们的
关注。进化发生学对基因和胚胎的关系提出了全新的见解，解释了不同的基
因如何像和谐的管弦交响乐团一样完美协作，从而使胚胎发育成为可能。

可惜迄今为止，还没有一个成型的理论能够和现代综合进化论相提并论。
理论化是把散乱的事实修砌成一座学术大厦的唯一途径，而罪魁祸首正是我
们上文中提到的生命的复杂性。直到今天，我们都要耗费九牛二虎之力，才
能勉强理解哪怕是最简单的生物体性状，前赴后继的生物学家孜孜不倦地研
究了几十年也无从得知生物的基因到底是如何精确调控表现型的。如果说现
代综合进化论者有一个牺牲了表现型而得出的遗传理论，那么胚胎学家手里
则攥着众多生物的表现型，却没有任何可以拿出手的理论。

进化发生学告诉了我们一件很重要的事，为了理解生物新性状的产生，
我们无法弃表现型于不顾。虽然我们无法全然了解一个生物体的复杂性，但
是至少知道了某些表现型与生物进化的关系。这也是我们接下来的章节会继

续探讨的问题。

前有达尔文，后有孟德尔，生物学在同一个世纪里发生了翻天覆地的变化，现代综合进化论又孕育了生物化学，一门在 700 多年前，从人类开始酿酒的过程中就初露锋芒的学科。酵母和糖是如何作用产生酒精的过程一直是个谜，直到达尔文发表《物种起源》的 3 年前，才由路易斯·巴斯德（Louis Pasteur）指出发酵是微生物作用的结果。短短几十年之后，巴斯德的结论就被推翻了。1897 年，爱德华·比希纳（Eduard Buchner）证实，发酵的过程不一定需要生物参与，因为不含活体细胞的酵母提取物也能导致发酵。比希纳的发现加速了"活力论"的消亡，这个理论认为生命需要某种神秘的"生命力"，而生命力遵循着和非生命物体完全不同的自然法则。

比希纳除了告诉我们生命是基于化学的之外，更大的贡献是他发现了酶，这是一类由成百上千个氨基酸构成的巨大生物分子，它能加速化学反应过程。生物化学上一直沿用了比希纳的系统命名法为酶命名，即在酶的催化物后面加上"ase"的后缀。比如能水解蔗糖的酶就叫作"蔗糖酶"（sucrase），而能水解乳糖的酶叫作"乳糖酶"（lactase）。

比希纳的发现开启了生物化学领域一扇新的大门。他关注催化反应，而不是酶本身，揭开了化学世界的面纱，新陈代谢的过程也不再神秘莫测。广义来说，"新陈代谢"这个词来源于希腊语，原意是"改变"，主要包含两种类型。第一种改变是分解外源分子，比如葡萄糖分子，释放能量；第二种改变是生物体从外界环境中获取营养物质并转变成自身的组成成分，比如蛋白质中的氨基酸，同时储存能量。新陈代谢起着分解并排出代谢废物的作用。这些过程相对复杂，都需要酶的作用，涉及上千个化学反应，从而使生物体能够完成能量交换和自我更新的过程。

蛋白酶对表现型的重要作用是 20 世纪一个具有里程碑意义的发现。**同时它也为理解生物进化提供了新的视角：生物体无论发生多大的改变，都是从单个的蛋白质分子变化开始的。**即便如此，它的光芒还是被另一个更重要的发现盖过了：基因的化学结构。

这一发现要追溯到达尔文 1869 年发表第五版《物种起源》的时候。瑞士化学家弗雷德里希·米歇尔（Friedrich Miescher）首先发现了一种区别于蛋白质的神秘物质，并称之为 "nuklein"，但它的化学结构是几十年后才研究清楚的。直到 1910 年，这种物质被重命名为 "脱氧核糖核酸"（DNA），包含 4 个碱基：腺嘌呤（adenine，缩写为 A）、胸腺嘧啶（thymine，缩写为 T）、胞嘧啶（cytosine，缩写为 C）和鸟嘌呤（guanine，缩写为 G）。1944 年，奥斯瓦尔德·埃弗里（Oswald Avery）发现，将肺炎链球菌有毒株的 DNA 与无毒菌株混合，后者也会变得对老鼠有致死性。由此，生物学家意识到，DNA 才是遗传物质的携带者。

在此之后不到 10 年的时间，詹姆斯·沃森（James Watson）[1]和弗朗西斯·克里克（Francis Crick）研究发现，DNA 具有美丽的双螺旋结构，DNA 双链像

---

[1] "DNA 之父"，20 世纪分子生物学的带头人之一。其讲述 DNA 双螺旋结构发现历程的著作《双螺旋（插图注释本）》中文简体字版已由湛庐文化策划、浙江人民出版社出版。——编者注

阶梯一样扭曲盘旋而上，每一个阶梯都由互补的核苷酸配对组成，DNA 的碱基排列配对方式只能是腺嘌呤与胸腺嘧啶或胞嘧啶与鸟嘌呤。该结构也能顺利解释 DNA 的复制方式，进一步丰满了遗传的运作方式。至此，基因的定义已经远远超出了当年约翰森的想象。

从迈布里奇的诡盘投影机问世到彩色电视技术的诞生总共用了 70 年的时间，这是技术从在银器里记录黑白图像到用无线电把阴极射线管发出的电信号转变为光学图像所花费的时间。

在这 70 年间，生物学领域也发生了突飞猛进的变化，群体遗传学和现代综合进化论都在这个期间涌现，同时科学家还阐释了酶与 DNA 结构的奥秘（和彩色电视机的出现在同一时期）。化学知识在我们理解生物进化的过程中起到了无与伦比的重要作用，让我们离生命的终极奥秘又近了一些。

沃森和克里克的发现开启了分子生物学时代。在接下去的 12 年里，生物学家发现，DNA 能够被转录为核糖核酸（RNA），随后在 RNA 转录为蛋白质的过程中，每 3 个碱基组成一个代表特定氨基酸的密码子（如图 1-1）。3 个碱基一组的密码子体系构成了 64 种不同的可能，大部分密码子都与一种氨基酸对应，其中少数几个密码子比较特殊，它们与蛋白质翻译的起始和结束有关。

如果我们知道 DNA 的碱基序列，预测蛋白质链上的氨基酸序列应当是一件易如反掌的事。但事实上，蛋白质的结构不只是它的氨基酸序列那么简单，蛋白质盘绕成错综复杂的三维空间结构，要了解它们的功能，比如如何加速化学反应，我们必须知道蛋白质的结构和变化形式，然而至今我们都无法完全参透这个复杂的过程。从 19 世纪 50 年代开始，关于蛋白质如何折叠的研究就已经在血液的珠蛋白中展开，但是这些实验往往过程烦琐、耗时又长。通过 DNA 碱基序列预测氨基酸链不是什么难事，但是预测蛋白质的折叠方式就要复杂得多，就像要把爱尔兰诗人和剧作家叶芝的诗翻译成中文一样。

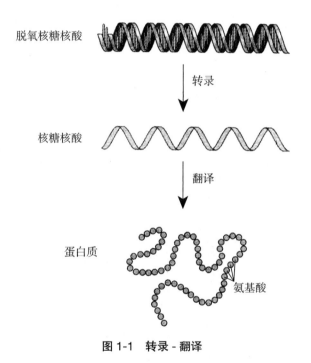

图 1-1　转录 - 翻译

对于想要探索表现型来源的人们来说，这并不是什么好消息。想要了解生物体的表现型，不管是彩色的翅膀、敏锐的眼睛还是强健的骨骼，归根结底还是要了解组成生物体最基本的大分子结构。如果我们无法预测大分子的形态，就无法从基因型跨越到表现型。

不过每个蛋白质不都总是独立存在的，它们往往通过共同合作来应对机体复杂机制的作用，这让我们理解蛋白质的努力更是雪上加霜。以胰岛素为例，它是一种由胰腺分泌的，主要负责分解吸收葡萄糖的蛋白质分子，并能促进血糖进入肝脏。胰岛素无法直接进入肝脏，它是通过和肝脏细胞上的胰岛素受体相结合，受体会激活肝脏细胞内的另一些蛋白质，继而引发一系列连锁反应，促进葡萄糖分解的。我们的身体内每分每秒都在进行着类似的分子运动。自沃森和克里克发现双螺旋结构之后，分子生物学家开始前赴后继地研究这一类问题。通过对一条条蛋白质链的研究，他们逐渐揭开了复杂大分子网络的神秘面纱，如那些控制人体感官和行为的大分子，甚至是任何一个方面的分子结构。

人类在这条研究之路上已经耕耘了很久，也收获了很多。走得越远，才越发现这条道路的漫长和蛋白质网络的复杂，从基因型转向表现型的探索也越加深远。

然而综观整个 20 世纪，仍然有很多支持进化论的生物学家完全不为表现型的复杂性所动。他们沐浴在现代综合进化论的阳光下，沉浸在对基因型的研究当中，这种执着在沃森和克里克的发现席卷了无知的人类之后，由于 DNA 分子序列识别新技术的出现而变得更加疯狂。这些技术也带动了一个新兴领域的诞生，叫作"分子进化生物学"（molecule evolutionary biology），主要研究氨基酸和 DNA 序列的变异。这项技术的前身就跟迈布里奇的诡盘投影机一样笨拙低效，一年时间只能研究不到几百个碱基对。而到了 19 世纪 80 年代中期，分析的效率提高了将近 10 倍，足以对人群中多个较短的 DNA 序列进行检测。

分子进化论者在这项技术的帮助下，发现了一件始料未及的事情：**数量众多的基因变异在基因组中无处不在，甚至在那些数亿年中都没有发生明显改变的生物体内亦是如此。**

分子进化领域一个早期的研究对象是醇脱氢酶，一种人体用于代谢酒精的酶。人类体内携带有这个酶的基因，果蝇亦然。我们不知道果蝇会不会因为啃食腐烂的水果而嗨得像摇滚乐队的歌迷一样，但我们至少知道果蝇对这些腐烂的水果趋之若鹜的同时，肯定需要醇脱氢酶来防止酒精中毒。1983 年，哈佛大学的马丁·克雷特曼（Martin Kreitman）在一小群果蝇身上发现了这个基因的 43 种不同变异体。类似的变异也存在于人体当中，其中一种还会导致酒精过敏。酒精过敏曾在亚洲人的祖先中普遍存在，当时人们称之为"亚洲红脸症"（asian flush）。

但是克雷特曼在针对醇脱氢酶的研究中忽略了一个更大的秘密：大多数的基因变异是不表达的，它们改变了 DNA 序列，却没有改变醇脱氢酶的氨基酸序列。鉴于三核苷酸的密码子体系中，不少密码子对应的氨基酸相同，所以这种情况是可能的。但即便密码子具有冗余性，也不足以解释所有突变在遗传上表现出来的稳定性，毕竟突变有时候会穿插在密码子的 3 个碱基之间，从而彻底打乱遗传序列。所以，在突变中肯定还发生了一些不为人知的事。

这件事，就是自然选择。对酶分子不利的变异与它们对应的突变基因一起，早就在克雷特曼发现它们之前就被自然选择淘汰了。

克雷特曼的发现，以及其他类似的研究结果都反映了同一个现象：进化论思想中的进步与其他科学领域的改革不同。20 世纪早期的量子物理学带来了和传统的经典物理学相冲突的世界观，而进化生物学的改革却丝毫不影响先前理论的核心观点。它们进一步深化、改造了历史，而不是推翻它。这些理论添加了层层的解释和方法，带来了新的视角。

正如电影《奔腾年代》(*Seabiscuit*) 给萨莉·加德纳那第一次被记录下来的片子加上了颜色、音乐、对话和马蹄声，但是不会推翻迈布里奇对奔马四脚离地这一神奇现象的阐述。达尔文发现了自然选择的力量，现代综合进化论从基因频率的角度解释了自然选择，而分子进化生物学家则试图在 DNA 中寻找自然选择的蛛丝马迹，例如大量存在的不表达基因。不同的分支学科通力合作，渐渐揭开了达尔文留给世人的层层迷团。之所以不是所有的迷团，是因为分子进化生物学告诉我们更多的是有关生物基因的东西，而不是表现型，后者才是生物起源的核心问题。

克雷特曼在醇脱氢酶中发现的变异并不是巧合，类似的变异在自然界中广泛存在，甚至在活化石腔棘鱼中也有。人们曾经以为这种鱼早已灭绝，直到 1939 年又发现了幸存的个体。未表达突变的普遍性至今还在困扰着分子进化学家们：它们于表现型变化而言重要吗？它们和生物进化又是否有着紧密的联系？我们只知道，未表达突变的存在让基因型与表现型的关系变得更加扑朔迷离，表现型背后的原理依旧让人捉摸不透。

在 20 世纪 80 年代，光是掌握识别 DNA 碱基对的技术已经令人称奇。然

而，与庞大的整个人类基因组相比，小小的碱基对就相形见绌了。人类基因组包含了 30 亿个碱基对，比《大英百科全书》还长 10 倍。我们身体内的每个细胞都拥有一套完整的基因组，高度压缩后形成了 46 条染色体。如大肠埃希氏菌这样微小的细菌都有 450 万对碱基对，比世界上最长的小说之一《战争与和平》的字数还多。高效测定单个个体的 DNA 序列所需要的技术还亟待改善，更不用说整个种群了。

发展这项技术的推动力来自"人类基因组计划"，这是于 1990 年启动的一个大型国际合作项目，由美国国家卫生研究院牵头。项目宗旨在于了解导致疾病的基因，遗传病相当于一种特殊的新表现型。1998 年，克雷格·文特尔（Craig Venter）[①] 创立了塞莱拉基因科技（Celera Genomics）公司，立刻成了上述组织的强大竞争对手。文特尔的公司设法用 1/10 的成本测定所有的基因，并在 2000 年与公立组织在同一时间宣布完成了第一幅完整的人类基因组草图的绘制。

人类基因组是生物学领域众多的里程碑之一，它展示了无数的基因信息：人类所有的基因以及它们所编码的蛋白质序列等。克林顿总统在 2000 年的国情咨文中把人类基因组草图称为"生命的蓝图"。可惜的是，即使真如克林顿所言，那它也不过是一张陈旧的蓝图，我们无法从中搭建出它所描绘的宏伟景象，甚至都不知道该让建筑工人到哪里去施工。因为迄今为止，"人类基因组计划"依旧没有透露给我们任何与表现型相关的有用信息。许多人希望"人类基因组计划"能对关于一个人是否会得某种遗传疾病给出一个肯

---

① 美国生物学家，被很多人称为生物学界的"坏小子"，讲述其在生命科学领域做出的重大研究的著作《生命的未来》中文简体字版已由湛庐文化策划、浙江人民出版社出版。——编者注

定的答案，而以下是克雷格·文特尔在 2010 年德国《明镜周刊》的专栏采访中关于预测基因疾病的陈述：

> 我们从基因组当中只能得出遗传疾病发生的可能性而已。在临床医学中，如果告诉你罹患某种遗传病的可能性是 1% 或 3% 又有什么意义呢？这些信息一文不值。

这个评价虽然苍凉，却是不争的事实。其中的理由或许你已经猜到了：基因型和表现型的关系复杂得难以想象。雄心勃勃犹如"人类基因组计划"，也只不过是从基因型出发，前往表现型途中的又一个一公里而已，这条路的尽头依旧遥不可及。

虽然"人类基因组计划"有它的局限性，但也带来了许多益处，其中一个就是 DNA 测序技术的蓬勃发展。2000 年，一个操作者能在 24 小时内读取完 100 万个碱基对；到了 2008 年，测序仪器已经能够在相同的时间内测定 10 亿个碱基对。这项技术还在迅猛发展着。在你阅读这两行字的时间段里，基因组测序的成本就可能已经从 1 000 美元降到几美分了。这些技术使得研究人类和其他物种的基因变异成为可能，它们把种群基因学上升到了种群基因组学的高度。

种群基因组学的诞生意味着基因型研究的终点，但对表现型来说却并非如此。在 20 世纪 50 年代中期，有关蛋白质的功能以及相互作用的研究就已经启动，科学家们一路高歌猛进，势如破竹。但时至 20 世纪 90 年代，他们就不得不转换研究思路了。以胰岛素为例，先前的研究已经让我们明确了合成胰岛素所需的基因，以及这些基因所编码的蛋白质和功能。但这些信息无外乎"谁是谁"或者"谁知道谁"，它们只是对信息进行了明确和组合，而对于预测个体的表现型，例如一个人是不是会得糖尿病，则丝毫没有用处。

科学家努力得到的结果还不足以告诉我们关键的细节，例如一个过程中涉及的蛋白质分子数量为多少，或者分子之间的关系强弱为几何。糖尿病的病因涉及几十种蛋白质大分子，每一种对糖尿病的患病都只有几个百分比的助益，它们之间通过相互作用对诱发糖尿病产生微妙的影响。所以单纯系统地罗列所有相关的蛋白质分子以及它们各自的特性，对于我们理解生命过程而言收效甚微。我们需要弄清楚不同分子之间是如何相互协作的。

处理这种整体性的唯一手段是数学，数学能够消化大量的实验数据，从而描述生物大分子的活动和密度是如何随时间变化的，这些活动是理解表现型的关键。举个例子，Ⅱ型糖尿病发病时身体会发生胰岛素抵抗，这是一种与健康人完全不同的表现型：胰腺释放胰岛素，但由于肝脏对胰岛素不敏感，所以从胰岛素受体开始，激素信号会在传递的某个环节突然减弱或增强。这个改变影响了信号链，因而诱发了疾病。只有数学的精确量化能够帮助我们理解这种微妙的过程，这是单纯的罗列和分类做不到的。

然而，用数学方法描述表现型并非易事，从数十年的实验数据来看，主要大分子相互之间的相互作用有许多变量。这些计算的复杂性绝非简单的人工笔算所能完成，即使是最杰出的数学家也做不到，必须要有计算机的协助。

21世纪生物学对计算机的依赖性，犹如摄影技术之于相机。计算机的适用范围绝非仅限于实验室，从超低温冰箱到咖啡机，它们凭借自身强大的能

力在各个领域占有一席之地。就像 17 世纪的显微镜一样，计算机带领我们
走进了一个新世界，一个如此微小的世界，即使是最尖端的电子显微镜也无
法欣赏得到，即分子的世界。称计算机为"21 世纪的显微镜"当之无愧，可
以帮助我们看到连达尔文都不了解的分子网络。

生物学领域中，计算机技术的整合是一个新兴现象。纵观生物学的发展
历史可以看到，生物学的发展总是受制于数据处理能力。早期探险家需要航
行数年，才能在偏远的小岛上发现新的物种；即便在分子生物学发展早期，
分离一个基因也通常需要花费好多年时间。如今这种景象已经一去不复返了。
由于科学技术的发展日新月异，生物信息数据如雨后春笋般喷薄而出，你不
仅可以在数千个不同的数据库中找到基因和基因组的信息，还能找到许多其
他生物大分子，以及这些大分子之间的相互作用关系。每年都有大量的新数
据进入数据库。新一代的科学家——计算机生物学家，只负责处理现成的数
据即可，而无须自己进入实验室收集信息。生物学家摇身一变成为信息科学
家，享有着无穷无尽的数据信息。在探讨自然法则的过程中，限制我们的仅
仅是自己的想象力和分析数据的技巧。

当然，这些技术也会面临相应的挑战，因为生物性状起源的问题已经困
扰了科学家将近一个世纪的时间。一方面，我们知道生物的表现型就像一幅
巨大的点彩画，作画的人每次只往画上加一点。但是，这个比喻并不能告诉
我们具体应当如何创作出一幅美丽的图画。研究性状起源的挑战很容易让人
望而却步。以醇脱氢酶为例，它的氨基酸连接方式已经远远超过宇宙中的氢
原子数。如果我们用完全的随机突变来解释新性状的起源，那么这首从达尔

文时期就开始回荡的咒歌与阿那克西曼德的鱼腹理论似乎半斤八两，不啻于把我们的无知藏在地毯下假装看不见。当然，这并不意味着突变和自然选择就不重要。不过仅有自然选择不足以解释自然界惊人的有序性，我们仍然缺少一种能够加快进化速度的方法。

哪怕时间倒退几年，我们都不可能理解这种方式，更不要提这本书的出版。由于生命体由分子构成，所以我们需要通过分子来了解进化：不仅是DNA 中的基因，还有基因型究竟如何塑造了表现型。表现型和 DNA 本身并不对等，它是生物体有序的层级架构，从最高层的器官到组织，再到细胞，再往下还有构成细胞的分子和分子之间形成的关系网络，最后精确到单个蛋白质。新的表现型和性状可以在这之中的任何一个层级出现。30 年前，我们对于这种复杂性还一无所知。

如果连如今的我们都只是略懂皮毛，那就更不用提达尔文了。把他不知道的东西列出来简直可以出一本现代生物的百科全书。达尔文不但不了解生物性状的起源，在前孟德尔时期，他对基因的存在同样茫然无知，更不用说DNA 和遗传密码了。他同样也不会知道群体遗传学和发育生物学，他对分子如何构成生物体一无所知。达尔文对生命真正的复杂性毫无察觉，许多后人也因此觉得他们可以理直气壮地忽略这一点。但是为了找寻生命进化的秘密，我们必须勇敢面对生命的复杂性，而不是逃避。

一种久经考验的认识生命复杂性的方法是关注一个或几个基因型以及它们对应的表现型，这也是早期基因学家发现基因的基本方式：通过某个表现型的变化追溯源头的变异基因。在基因组时代，这个方法也适用于研究 DNA

序列的功能：诱变某个基因并观察相应的表现型变化。应用不同技术得到的发现相当惊人，比如苍蝇体内的基因突变导致它发育出了两对翅膀，植物长出了变形的叶子和以新物质为食的微生物等。科学家诱变了许多基因，得到了千奇百怪的表现型。

然而，这些个别的例子到底能在多大程度上说明问题呢？就像探险家如果要绘制新大陆的地图，光是沿着海岸线航行，随便抛锚上岸散个步是远远不够的。他们需要环绕整个大陆以画出它的轮廓，从河流三角洲驶入内陆摸索清楚河流的分布，他们还必须爬上山脊，穿过沙漠和丛林。对于生命的创造性，我们也需要绘制这么一张地图，一张从基因型到表现型的地图，标出每一个基因型的变化，以及它们如何影响了表现型。我们需要这样的地图来补全达尔文的伟业。

不过即使拥有最好的技术，这张地图也没有那么容易绘制。就一张具有高分辨率的地图而言，我们需要获得超过 10^{130} 种氨基酸链的表现型资料，那还不算由成百上千种基因和蛋白质组成的更高层次结构。换句话说，绘制一张高分辨率的生命地图不只是困难，几乎是件不可能的事。幸运的是，我们并不需要把每一粒沙子都在地图上描绘出来，如果我们只关注地形特征，就能减轻很多绘制的负担，需要研究的基因型数量也会大大下降，不过剩余的基因型数量依旧数以亿万计。鉴于表现型可研究的角度很多，所以我们要精心选择，保证这些我们研究的角度对生命的进化而言至关重要，同时又处于现有知识和分析工具所能处理的范围之内。

柏拉图的本质主义论与进化主义论不共戴天数十年之后，在这些地图中正东山再起。与柏拉图时期简单枯燥的几何世界相比，21世纪本质主义的内涵要丰富得多。它对达尔文主义思想兼容并蓄，又不拘一格，是我们理解自然选择的关键。仅凭肉眼人类是无法了解某些现象的，就像无法用肉眼看清楚萨莉·加德纳在奔跑的时候是否真的四脚离地。幸运的是，我们现在已经具备了看清进化世界的技术。

现代技术给我们展示了一个柏拉图式的色彩斑斓的世界，展示了40亿年以来生命进化的动力和起源。

ARRIVAL OF THE FITTEST

02
新性状的起源

Solving Evolution's

Greatest Puzzle

新性状的出现有赖于新的分子和合成这些新分子的化学反应的存在。生命以及生命背后驱动新性状出现的动力并不是神秘莫测的东西，这种动力本身和生命一样古老。我们还不知道生命到底是如何从最简单的形式进化出了如此高的复杂性，但我们知道，生命的开端不是一个自我复制的分子，而是一张新陈代谢的网络。

有一个你在家里就可以尝试的实验。找一个容器，往里面装一些小麦，拿旧的内衣裤封住容器口，然后等上大概20多天，你就会发现容器里出现了老鼠，有新生的幼鼠，也有长大的成鼠。这个现象是由17世纪的医生及化学家扬·巴普蒂斯塔·范·海尔蒙特（Jan Baptista van Helmont）首先发现的。他还发现，在阳光照射下，两块砖之间的罗勒叶能够生出蝎子来。

范·海尔蒙特并不是"自然发生说"的首创者，这个学说的起源至少可以追溯到亚里士多德，然而他的确是这个学说最后的拥护者之一。时至今日，任何声称小麦和旧内衣裤相互作用之后能够产生生物的科学家都会被打上"妄想狂"的烙印，但是在范·海尔蒙特的时代，他粗糙的实验和结论却没有为他招来坏名声，相反，范·海尔蒙特于1644年在人们的敬仰中逝世。在"自然发生说"被广泛接受的年代，人们认为范·海尔蒙特的实验只不过是证明了一个显而易见的事实罢了。

范·海尔蒙特逝世数年之后，一名来自意大利的医生弗朗切斯科·雷迪（Francesco Redi）才向世人展示了这个实验的正确做法。在广口瓶里放上肉块，不消一会儿肉上就会爬满蛆虫，但这些蛆不是由肉块自发产生的：雷迪用一块棉布盖住广口瓶之后，由于苍蝇不能在肉块上产卵，蛆也就没有再出现。

雷迪的工作加速了"自然发生说"的消亡。在这方面同样功不可没的还有 17 世纪的荷兰纺织品商人兼镜片打磨师安东尼·范·列文虎克（Antonie van Leeuwenhoek），他发明的显微镜打开了通向微生物世界的大门。曾几何时，由于超出肉眼可见的范围，未知的微生物世界成为"自然发生说"拥护者最后的庇护所。直到 18 世纪中期，依旧有人认为腐烂的有机质可以产生微生物，这种观点的拥护者不乏像苏格兰牧师约翰·尼达姆（John Needham）这样的社会名流。一个世纪之后，路易斯·巴斯德才证实尼达姆本末倒置了：是微生物引起了有机质的腐烂，而不是腐烂的有机质孕育了微生物。巴斯德通过对肉汤以及肉汤附近的空气进行灭菌处理而使其免于腐烂，给"自然发生说"的棺材钉上了下葬前的最后一颗钉子。

虽然巴斯德证明了生命的自然发生并不存在，但他以及同时代的其他人都不知道生命究竟起源于何处。在当时，生命起源的问题属于化学研究的范畴，而不是生物学。而 19 世纪的化学家与那些在 20 世纪初苦苦思索变异来源的孟德尔主义者，都面临着一个同样的问题：他们生得太早了。那是一个德米特里·伊万诺维奇（Dmitri Mendeleev）还没有发明出化学元素周期表的时代，对生命的化学元素展开研究更是一片大大的空白。由于起源于声名狼藉的炼金术，现代化学经历了漫长的岁月才成为一门受人尊敬的科学。即便如此，哪怕已经进入 20 世纪，当诺贝尔奖获得者、著名量子物理学家沃尔夫冈·泡利（Wolfgang Pauli）的妻子与一名化学家私奔之后，泡利在一封给朋友的信中仍写道："她哪怕和一名斗牛士私奔也好啊，可是她却偏偏选择了一个平凡的化学家……"

在过去的一个世纪里，我们知道了生命体复杂多样的表现型正是"自然发生说"面临的最大困境。如果一个拥有特定氨基酸序列的蛋白质分子都不能自发形成，那一个包含了数百万种蛋白质和其他复杂分子的大肠杆菌又怎么可能凭空出现呢？现代生物化学使得我们能够估算一个大肠杆菌自然发生的概率，在此前提下，复杂生命体自然发生的概率几乎为零。

不过这并不意味着自然发生在生命出现的早期阶段没有出现过。**事实上，早期生命的出现甚至需要自然发生的帮助，只是其产物的复杂程度远远比不上现代的细胞及蛋白质。**打个比方，地球上最早的生命就好比牛车上的一个轮子。这个轮子也是经由步步打磨而成，并非一蹴而就。虽然漫漫历史的泥潭已然抹去了这些步骤的痕迹，不过化学家还是觅得了些许蛛丝马迹，这也正是我们本章的主题。化学家不仅说明了早期生命出现的过程，还证实了一个更重要的假说：今天自然界所有生化反应所遵循的原则，与生命出现之前的无异。无论古今，新性状和最适者的出现都需要新的化学反应过程和分子作为前提。

冥古宙（Hadean Eon），指 40 多亿年前的地球，也是地质历史的开端。冥古宙的名字取自古希腊神话中的地底世界，早期的地球也的确是一个地狱

般的地方。地球诞生之初表面覆盖着炽热的岩浆，大气里弥漫着炙热的浪潮。即便后来表面的岩浆冷却，凝结成坚硬的地壳，地球也不是什么生机勃勃的地方。如果有天外来客拜访过冥古宙时期的地球，它们将看到地球表面遍布无数坑坑洼洼的火山，还有滚烫的蒸汽雨落进原始海洋里。如果不是巨大的大气压（当时大气的密度远远大于现代大气），地球上的海洋早就蒸发干了。

无须多说，人的身体根本无法承受在这样的大气里呼吸的压力，更别提大气里有致死剂量的二氧化碳和氢气。另外，抱头找掩体也是个好主意，因为在一个叫晚期重轰炸期（Late Heavy Bombardment）的阶段，许多巨大的小行星不间断地撞击着原始的地球。如今，地球上大部分小行星的撞击痕迹已经被地质运动抹平，但你依然可以在夜空的月亮上看见巨大、阴森的环形山。通过岩石中含有的化学时钟，即随着时间推移稳定衰减的放射性元素，比如铀元素，我们就可以推算出这些小行星，乃至地球的年龄。

地球早期历史中最惊人的莫过于最恶劣的时期过去之后，生命出现的速度，这开始于大约 38 亿年前。在之后的大约 4 亿年间，地球上出现了迄今为止发现的化石证据中最古老的微生物。西格陵兰岛（West Greenland）岩层中的碳氢同位素指示出，在 38 亿年前左右，最古老的新陈代谢反应已经出现。这意味着生命是利用时间的一把好手，在应当登场的时候毫无延误地出现在了地球上。这样看来，生命以及生命背后驱动新性状出现的动力似乎并不是多么神秘莫测的东西。驱使进化发生的动力本身和生命一样古老。

地球上生命的起源需要用化学理论来解释，其中最早的理论被称为"原始汤"假说，人们通常认为这个理论的提出者是亚历山大·奥帕林（Alexander

Oparin）以及霍尔丹，正是那个在 20 世纪 20 年代提出现代综合进化论的霍尔丹。值得一提的是，富有洞见力的达尔文早在他们之前半个世纪就有过类似的想法。在 1871 年写给朋友约瑟夫·道尔顿·胡克（Joseph Dalton Hooker）的信中，达尔文推测说："如果有这样一个温暖的小池子（这个如果是多么异想天开啊），里面有各种氨磷盐，另外还有光源、热源和电等，这里的蛋白质能够自动形成继而参与到更复杂的后续反应中。"与此同时，达尔文也告诉了我们为什么如今找不到这种"温暖的小池子"：以如今生物的代谢速度，池子里的成分会立马被现今的生物体吸收以至吞噬殆尽。

"原始汤"理论一直作为一个假说存在了数十年。直到 1952 年，诺贝尔奖得主哈罗德·尤里（Harold Urey）位于芝加哥大学实验室的研究生斯坦利·米勒（Stanley Miller），为这个假说提供了强有力的证据支持。在合理推测地球早期大气的主要成分之后，米勒把这些气体密封在一个容器内，以电火花模拟原始大气中的闪电，并用冷凝水模拟降雨。几天过后，许多有机分子——那些通常由生命体合成的成分，出现在了米勒的迷你世界里。这个实验的意义非凡，因为它显示在我们居住的这颗行星动荡不安的年轻岁月里，有机质能够从无机质转变而来。米勒的原始海洋里出现的有机质并不是普通的有机质，而是组成现代蛋白质的原料分子：氨基酸，如甘氨酸和丙氨酸。后续的实验中甚至出现了许多其他组成生物体的物质，包括糖类和 DNA 的组分物质。**米勒实验最重要的意义在于，它把有关生命起源的讨论从哲学思考上升到了实验科学的范畴。**

1969 年 9 月，人们在比 1952 年米勒模拟的原始地球更恶劣的环境里发现了生命物质。那年 9 月的某一天，默奇森（Murchison）上空突然出现了一个爆炸的火球，这个有着数百号居民、位于墨尔本北部约 160 公里的小镇上空犹如出现了第二个太阳。在爆炸发生之后，陨石在空中留下一道浓烟后碎裂成大大小小的碎片，最大的一块落在了一座谷仓里，所幸没有造成伤亡。这起陨石坠落发生在人类首次登月两个月之后，当时的科学家对于任何研究天外来石的机会都心痒难耐。

在默奇森陨石中，当时的科学家发现了不得了的东西。在来到地球之前，默奇森陨石已经在太空里游荡了数十亿年，它的年龄几乎和地球一样。就是在这块陨石里，科学家发现了数种构成蛋白质的氨基酸，以及作为 DNA 主要成分的嘌呤和嘧啶。在后续研究中，应用 21 世纪的分光镜技术进行的分析显示，默奇森陨石中含有超过一万种不同的有机成分。

默奇森陨石并不是自然界的一朵奇葩，我们有必要知道这一点：在无数其他来自宇宙的陨石中也同样发现有有机物质的存在。幸运的是，宇宙中的分子由于结构不同而存在不同的辐射发射与吸收特征，技术发展到今天，借助极度灵敏的射电望远镜，我们已经不需要等到陨石撞击地球，就能根据波长信号区分出遥远星云中数百种有机成分在不同波段的喃喃细语。实际上，应该说它们简直是在"呐喊"。星云物质中 3/4 的成分是有机物质，其中就包括类似甘氨酸这样组成生命的关键成分。让人意外的是，星云中数量最多的三原子分子是水分子，这不得不让我们重新思考地球是不是真如我们一直以为的那样特殊。

组成生命的成分在宇宙中十分常见，不禁让人联想到地球上的生命可能来自宇宙。陨石和彗星，尤其是在地球形成之初撞击地球的那些，它们带来的水是现今地球海洋水总量的 10 倍，带来的气体则是现在大气总量的 1 000 倍。不仅如此，它们还带来了星云中丰富的有机分子，这些有机分子起到了至关重要的作用。很可能有 10 万亿吨的有机碳，甚至百倍于此，从外太空进入了地球。那相当于当今在生物圈中流通碳元素总量的 10 倍。扫过地球公转轨道的彗星尾部尘埃尤为重要，因为不像需要经历着陆时高温爆炸的陨石，其中许多有机成分会遭到破坏，彗星的尘埃会温和而持续地向地球播撒生命的种子，润物无声。倘若如此，也许宇宙尘埃才是我们真正的母亲。

生命的成分到底是来自外太空还是诞生于地球，也许我们永远都无从得知。不过，从天文观测中我们还是能得到许多简单而重要的启示。首先，只要环境条件合适，组成生命的物质成分是可以自然发生的。其次，所谓合适的环境并不像达尔文描述的"小池子"那样近在咫尺而又得天独厚。它可以远在数光年之外，也可以像星云那样在宇宙里随处可见。

还有一点是关于直到今天依旧适用的新性状的：**新性状的出现有赖于新的分子和合成这些新分子的化学反应的存在**。为了理解新性状出现的原理，我们有必要先探讨生命物质分子的起源。

组成生命的物质分子并不是生命本身，就像一堆砖头和木材根本算不上是一栋大楼。至少，生命还需要一张包含许多获取能量、合成生物体所需物质分子的化学反应网络，这张网络也被称为新陈代谢。生命还需要有增加自身数量的能力，即自我复制，以遗传的方式将自己的优势特征传递给子代个体。如果没有子代对亲代性状的遗传，达尔文主义者的进化论就成了空谈，自然选择也就没有了意义。

不过这并不意味着新陈代谢和自我复制总是两者兼有。即使在你生活的周围，这两者也不总是同时存在的。病毒可以自我复制但其本身并没有新陈代谢的能力，它们通过劫持宿主细胞作为自身新陈代谢的厂房。真正的生命体必须同时拥有新陈代谢和自我复制的能力，而这导致了我们遇到的第一个"鸡与蛋"的问题：到底是先有新陈代谢，还是先有自我复制？

也许是出于对 DNA 双螺旋结构的喜爱，主流科学界曾经一度认为是自我复制首先登上了历史舞台。但是由于现今自然界存在的自我复制现象非常精致而复杂，要解释它的起源可不是件轻而易举的事。此外，DNA 的脱氧核苷酸序列只是遗传信息的载体，它们不能自我复制。DNA 会首先被转录为 RNA，RNA 再被翻译为相应的蛋白质（如图 1-1），而蛋白质才是生物功能的执行者，包括转录和复制。

生物体的功能都由拥有不同氨基酸序列的蛋白质合力完成，没有一种蛋白质可以单独完成这些任务。如此精确复杂的分工又引发了另一个"鸡与蛋"式的问题，这次是有关于蛋白质和核酸（核酸是 RNA 和 DNA 的总称）的，这两者到底是谁先出现的呢？考虑到我们之前所说的概率问题，要求两者在自然界同时出现似乎有点不切实际。如果最初的生命是以一个自我复制体的形式存在的，那么这个"亚当"或者"夏娃"分子必须足够有能耐才行，它既要能储存自身的遗传信息，又要能自我复制。

当 1953 年发现双螺旋模型的时候，沃森和克里克就已经意识到，DNA复制的关键在于 DNA 碱基对的互补性：鸟嘌呤与胞嘧啶配对，腺嘌呤与胸腺嘧啶配对，这种配对将双螺旋的两条单链黏着在一起。他们的原话是，这"马上就让人联想到了一种遗传物质复制的可能机制"。这种机制几乎当即就把蛋白质作为最早复制体的可能性排除在外，没有像 DNA 双螺旋分子那样将两条单链配对的简单互补原则，由氨基酸组成的蛋白质无法以沃森和克里克所说的方式传递遗传信息。

综上所述，蛋白质并不是一种理想的自我复制分子。但是核酸似乎也没有比别的分子好到哪里去。核酸能够胜任蛋白质执行的生物功能吗？它们能够催化自身的复制吗？甚至，它们真的有催化活性吗？ DNA 分子的作用和结构似乎注定了这些问题的答案都是否定的。DNA 最基本的任务是储存信息，为此它可以牺牲其他一切。它懒惰、保守，在生物体中一代又一代地保持传递。所以在酶被发现之后的半个多世纪里，科学家一度认为只有蛋白质可以催化化学反应，而核酸则没有这个能耐。

这让第一个自我复制体究竟是何方神圣显得扑朔迷离。直到 1982 年，化学家托马斯·切赫（Thomas Cech）和西德尼·奥尔特曼（Sidney Altman）才把 RNA 从丑小鸭变成了白天鹅。RNA 曾经一度是分子生物学的继子，备受冷落。它的主要作用是将 DNA 的遗传信息转移到核糖体，后者是细胞内一台庞大而复杂的蛋白质合成机器。但前述两位科学家却发现，RNA 能够在某些化学反应中起到催化剂的效应。

RNA 也能像蛋白质一样催化化学反应的惊人发现，本身就像一剂科学的催化剂。很快，科学家们就意识到 RNA 拥有久远的历史，甚至比蛋白质和 DNA 都要古老，在生命混沌初开的时候，RNA 就是那个失落世界里的统治者。不过，和失落的亚特兰蒂斯不同，早期的生命世界还是为我们留下了许多它存在过的线索。RNA 曾经作为生命体关键分子的证据之一，便是它当今仍然在生物体中所起的核心作用。举例来说，核糖体由数十种蛋白质以及数种 RNA 分子构成，而在装配氨基酸、合成蛋白质的时候起到催化作用的恰恰是那几种 RNA 分子，而非蛋白质。事实上，这些蛋白质本身恰恰是通过 RNA 催化合成的。

远古时期，RNA 可能同时肩负着储存遗传信息和催化自我复制两种作用，但我们对于它如何做到这点却一直百思不得其解。为了说明最早出现的生命形式，我们不妨将起源之初的生命抽象为一个能够自我复制的简单分子。这个单分子将非常类似于 RNA 复制酶（RNA replicase），一种能够催化 RNA 复制的酶。

如今，世界上一些最优秀的化学家正在全力寻找这种简单的复制酶。他们迄今为止最好的成果是合成了一段长度为 189 个核苷酸的 RNA，这段 RNA 具有一定的增殖行为，但它远不具备自我复制的能力，能够作为模板进行复制的区域仅包含其中的大约 14 个核苷酸。但是这依然启发我们，如果能够解决几个关键问题，RNA 自身催化复制是完全可能的。其中一个主要的问题恰恰在于碱基互补性。

互补的碱基对会自动配对，也就是说一条母链和互补的子链能够退火 [①]

---

① 退火：在生命科学领域，退火指降低反应温度，让变性的核酸链复性，重新形成双链的过程。——译者注

成一条双链 RNA，就像双链 DNA 的形成过程一样。为了复制出更多的 RNA，双链分子必须要解旋为单链，以便每条链上的信息可以被阅读。不过一旦你或复制酶将双链分开，互补的碱基对就会马上退火，像透明胶一样互相黏着在一起。所以对于 RNA 的自我复制而言，成也碱基互补，败也碱基互补，这是一把双刃剑。

最初的复制酶面临的另一个问题是必须绝对精确，因为任何复制错误都会导致误差灾变（error catastrophe）[①]。这个模型最初是由诺贝尔奖得主、化学家曼弗雷德·艾根（Manfred Eigen）发现和提出的。

如果要理解误差灾变模型，不妨想象一下中世纪抄写宗教经典的僧侣，他们逐字逐句地抄写枯燥的经文，如果有一个僧侣抄错了一个单词，那么这个错误的单词就会被另一个僧侣继续抄录下去。同样的道理，其他僧侣也可能在抄录经文的同时混入自己的错误，一传十，十传百，日复一日，年复一年，总有一天，宗教的经典会变成一堆逻辑混乱、毫无意义的文字垃圾。

RNA 复制酶也面临着同样的问题，它如同一本分子经文，只是在 RNA 的世界里有一点小小的不同：复制酶本身既是经文，又是抄写经文的僧侣。RNA 复制酶是一本自我抄写的书，抄录过程中出现的错误不仅影响文本本身，还会同时影响它本身复制的能力。这就好比犯错的僧侣不光写错了经文，他所犯的错误还让后来抄录经文的继承者头脑不清，变得更加容易犯错。

只有那些几乎不犯错的复制酶才能保全核酸酶本身的遗传序列，从而保全其自我复制的能力。如果复制酶的准确性太低，催化产物多数为有瑕疵的

---

① 误差灾变论，指生物体在复制遗传物质时积累大量的突变而导致的物种灭绝模型。——译者注

复制酶，效率低下，或者催化复制更加不准确，随着时间的推移，这些催化产物最终会降解为无用的分子碎片，最初的编码信息也随之丢失。1971 年，在曼弗雷德·艾根获得诺贝尔奖 4 年之后，他尝试计算了如果要规避误差灾变，复制酶应当具备的复制准确度。计算结果显示，复制酶的长度越长，所需的精确度就越高。套用一个简单的估计方式，一个长度为 50 的复制酶需要低于 1/50 的复制错误率，而长度为 100 的复制酶的错误率则需要低于 1/100，以此类推。即使是我们在上文中提到过的那个长度为 189 的"最佳成果"，它的复制错误率依旧数倍于此。即使它可以完整地复制自己，所得的分子后代的命运也不过是径直滚下误差灾变的万丈悬崖，万劫不复。

幸运的是，生命在这方面的造诣远远超过当下的人类。催化 DNA 复制的蛋白酶，其误读率低于 $1/10^6$。这种精确性的代价是其作用方式的高度复杂性。催化复制的酶包括一些功能高度专精的蛋白质，它们负责校对和修正其他酶的复制错误，这相当于有一群分工明确的僧侣，互相检查抄录的经文内容。编码这些蛋白质需要相当长的基因，远非原始的 RNA 复制酶可以相比。为了确保遗传信息复制的完成度，RNA 复制酶催化的复制反应必须高度精确。你或许会发现一个新的"鸡与蛋"式的问题已经呼之欲出了，它的另一个名字是艾根悖论（Eigen's paradox）：精确的复制需要庞大而复杂的酶分子进行催化，而庞大和复杂的酶分子则需要精确的复制来保证。直到今天，大自然也没有为我们指出任何解决这个悖论的出路，不过我们将会在第 6 章中看到，生物的进化方式为我们提供了些许线索。

互补的 RNA 分子之间顽固的黏着性，以及要命的艾根悖论，都让"自我复制先于新陈代谢出现"的观点显得岌岌可危。但是如果和接下来的第三个问题相比，它们简直就是珠穆朗玛峰山脚和山顶的区别：从哪里获得充足的原料以满足复制的需要？复制所需的原料是富含化学能的分子，它们包含了几乎所有需要的化学元素，包括碳元素、氮元素以及氢元素。举个例子，现代生物体中的蛋白质催化 DNA 复制时，每秒钟需要消耗大约 1 000 个脱氧核苷酸分子。

即便最初出现的复制酶效率非常低下，每秒钟只能消耗一个脱氧核苷酸分子，大概需要三分钟才能完成自身的复制，由此可以看出，复制对于原料的需求依旧不会因此而降低。原因在于，每个复制酶在一变二之后就分别成为一个复制酶，酶的数量以及这些酶催化生成更多酶的能力也随之增加。以现代的眼光来看，虽然早期复制酶的催化效率奇低无比，但是以一变二的复制方式依旧导致了指数级的增长方式和对复制原料的巨大需求。只需 6 个小时，这种增殖方式就需要消耗掉 1 吨核苷酸，一天之内消耗掉 2.5 吨，而一周后这个数字将超过 80 万吨。

生命的本质，正是一支贪得无厌、如狼似虎吞噬高能物料的分子大军，和所有行军的队伍一样，一旦切断补给，生命就会迅速崩溃。不仅如此，鉴于达尔文进化论和自然选择建立在物种大量繁殖，即复制的基础上，如果没有持续供应的食物链，两者都将成为空谈。另外，复制酶也和士兵一样争强好胜。在竞争中处于下风的分子最终将会由于复制不出足够数量的本体遭到淘汰，而饥饿会加快劣势分子消失的速度。没有足够的原料，生命就如同一根受潮的火柴，在贫瘠的地球上昙花一现，而后销声匿迹。

米勒的实验以及外太空播撒到地球的化学物质，都不足以支持早期地球上的那支饥饿的军队。虽然它们都带来了生命的重要组分，比如氨基酸，但是仅凭它们还远不足以解决早期生命的温饱。米勒当初的实验花费了数日才由 1 000 克无机碳获得几微克的有机分子。而纵观整个地球历史，虽然从古到今陨石为地球带来了数以百万吨的有机碳，但远水救不了近火。在地质史早期，嗷嗷待哺的复制酶未必能够等到从天而降的那一块陨石。指望陨石养活地球上最早的生命，相当于你坐在家里并期待每隔几天，就有一辆运送肥料的卡车撞进自家后院的花园里。

虽然双螺旋充满美感的结构诱惑着它的拥护者们竭力维护"自我复制早于新陈代谢出现"的观点，但上述三个问题还是不由得让人怀疑这是本末倒置。自我复制优先理论的支持者们幻想出了一家光鲜亮丽的汽车工厂，却忽略了零件供应商的重要性。没有零件供应商为工厂提供足够数量的轮胎、轮轴、变速器以及引擎，工厂里再高通量的流水线也不过是形同虚设，毫无意义。如果供应商效率低下、货源不足，导致工厂几年才能生产出一辆车，那么产量缩水、工厂倒闭就几乎不可避免。这个困境的解决方法显而易见：在第一个能够自我复制的分子出现之前，一张为生命提供各种原料的化学反应网络就已经准备就绪，为生物体源源不断地提供所需的物质。

换句话说，生命的开端不应当是一个可以自我复制的分子，而是一张新陈代谢的网络。

伴随恰当的分子出现，为生命提供能量和所需物质的化学反应最后也应

运而生，但是这个"最后"并没有那么轻描淡写，生命的出现经历了相当长的时间。如果没有外界的帮助，生物体内的某些化学反应需要数千年才能完成。因此，新陈代谢需要催化剂，生物体内的催化分子可以显著提高反应的速度。催化剂的一个突出特征是：它们的催化效应与热力学有关。热是原子和分子的无序运动的结果，催化剂会改变反应分子之间的碰撞和接触，同时自身在反应中保持不变。催化剂在新陈代谢反应中煽风点火，它的主要作用是降低一个特定化学反应所需的活化能，从而成倍地提高反应的速率。现代新陈代谢中化学反应的催化剂几乎全部为酶，它们是极其高效和复杂的蛋白质分子，一种酶严格对应一种化学反应，某些酶还能将所催化反应的速度提高万亿倍。我们的身体里有数千种不同的酶，失去任何一种都可能让我们像得不到食物补给的原始复制体一样崩溃。

但是，38 亿年前还远没有蛋白质催化剂这么先进的好东西。达尔文可没有提到他的"小池子"里有酶，这也是为什么许多科学家不再追捧他的池子理论的原因。另一个问题在于，分子如果要发生反应就必须先发生接触。由于分子在水环境中进行着热力学的无序运动，所以分子发生接触是一个随机的概率事件，概率的大小与给定环境中的分子密度成正比：分子越少，发生的反应就越少。也就是说，如果没有分子的高度集中，新陈代谢也就无法发生。如果早期海洋里的原始生命浓度过于稀薄，生命也将难以为继。这也是为什么化学家需要在试管里而不是游泳池里做实验的原因。如果被冲进茫茫的原始海洋里，新生的化学分子将一去不复返。

有人提出了潮汐池模型，以弥补达尔文的"小池子"本身的不足。在这个模型里，低潮期水因吸收热量蒸发而导致池中的化学物质浓缩，汛期涌入的水则起着搅拌的作用。但是和早期地球上恶劣的环境相比，这种模型里的水池简直犹如度假地的海水浴场。地球形成之初，月球公转轨道的半径只有现在的 1/3，月球掠过地球上空时猛烈地拖拽着地球上的海平面，掀起的浪头高度是如今的至少 30 倍。此外，月球围绕地球公转的周期大约为 5 个小时，也就是说每隔几个小时它就会在地球上引起汹涌的浪头，根本没有给生命成分留下浓缩的机会。

在过去的几十年里，进化生物学向着更精致、更小的试管实验不断求索，苦苦追寻却一无所获的科学家意外在深海中找到了一些答案。1977 年，潜水调查船"阿尔文"号在加拉帕戈斯群岛（Galápagos Island）附近超过 2 000 米深处的太平洋海底发现了一个世外桃源。科学家发现那里到处都是两米长、长着红色羽毛样饰物的无嘴管虫，生着腿、用金属矿物武装贝壳的螺类，还有眼睛退化的虾类。海床上铺着厚厚的由微生物组成的菌毯，这些科学家从没见过的微生物同时也是海底其他生物的食物来源。与这些怪异的生物本身相比，海底生态圈维持自身运作的方式则显得更加匪夷所思：生态圈所需的物质补给直接来自地球母亲，那些从地壳裂口喷涌而出的炽热的营养物质、化学能量以及达尔文的"小池子"所缺乏的催化剂，造就了海底生态圈的繁荣景象。

低温海水穿过炽热的裂口，下沉到岩浆房附近而被加热到沸点。而后沸水又上升，就像大气中受热上升的空气，直到它与上方的低温海水相遇、混合为止。在穿越海底火山的旅程中，海水穿过地壳并从中滤走大量的矿物质、气体和其他营养物质。当海水降温时，这些物质就如同空气中的水汽凝结成雪花一般沉淀下来。和雪花不同的是，这些沉淀的物质日积月累，在海底形成巨大的"烟囱",高度甚至能超过 60 米。在"烟囱"生长的同时,它们还会不断喷吐出水和沉淀的颗粒物,看起来就像真的烟一样。"烟"的颜色或白或黑,主要取决于其中的化学成分。

显然,从裂口里升腾出的热水是海底生命的能量来源,但热量并不是最重要的。熬出生命"浓汤"的不是热量,而是热水中丰富的物料成分。裂口中的海水里含有丰富的化学物质,例如作为臭鸡蛋气味来源的硫化氢。海底火山的这些成分对我们来说是纯粹的毒药,但是对海底某些种类的细菌来说则是肥沃的养料。与植物吸收光能并利用二氧化碳合成复杂分子的光合作用不同,海底细菌能够进行化学合成。它们可以利用无机分子、海底火山中丰富的碳元素以及其他化学元素合成自身所需的有机成分。化学合成也不是海底生态中唯一存在的自养方式。虽然海平面以下 2 000 米的地方一片漆黑,几乎没有任何光能够穿透到那里,但海底火山依然散发着微弱的火光,足以让某些细菌利用这些光能进行合成反应。虽然海底火山生态圈供给生命的方式非常怪异,但这种方式非常有效,从而使得这些围绕火山存在的世外桃源有着千倍于周遭贫瘠海床的繁盛。

如果说达尔文的"小池子"是一碗平静温和的浓汤,那么深海高温的火山就是一口粗暴原始的高压锅。火山口里的海水受到一段高达 1 000 米的水柱施压才没有在高温下沸腾,水柱的压力高达约 200 个大气压,几乎相当于每平方米 200 吨质量所产生的压强。作为现今地球表面最高温度纪录的保持者,海底火山如此极端的环境依然没有能够阻止生命诞生,着实令人惊异。一种名为甲烷火菌属(methanopyrus kandleri)的细菌能够在超过 122 摄氏度的环境里繁殖,这已经超过了微生物学家用来给实验设备进行灭菌的温度。

甲烷火菌属在温度达到 130 摄氏度的时候依然能够存活，但是会停止繁殖。

自从达尔文乘坐贝格尔号造访之后，加拉帕戈斯群岛已然成为一个研究进化生物学独特而富饶的户外实验室。这座火山群岛上有着巨大的海龟、独一无二的海鬣蜥以及调皮的加拉帕戈斯海狮。后来，人们在距离加拉帕戈斯群岛大约 400 公里的地方发现了另一个独特的秘境，它就是海底的高温火山。实际上，这种人们从前闻所未闻的生态圈其实随处可见，由于地心熔岩从海床裂开的缝隙中喷涌出来，数以千计的火山群在全世界海洋的底部喷吐着滚滚浓烟。众多的海底火山相连形成一条巨大的火山链，形成中央海岭，直通地球深处。从这条延绵纵横的裂口里流出的岩浆不断改变着地球表面的地貌。

与网球上的缝合线类似，这条海岭环绕着整个地球，周长相当于落基山脉、安第斯山脉以及喜马拉雅山脉总长度之和的 4 倍多，超过地球周长的两倍，而它全长都隐藏在海水之下。与它的长度同样惊人的还有海岭中火山链的滤水量：每年有超过 200 立方千米的海水穿过炽热的火山口，这意味着每过 10 万年整个海洋的水就会在中央海岭完成一次循环。

海底的高温火山口已经成为生命发源地的热门候选，但并不完全是因为火山周围发现的坚韧而又原始的各色生物，更重要的原因在于海底火山周围富饶的海水中，蕴藏着丰富的能量和化学物质。另外，这些火山已经历经岁月，几乎和海洋本身一样古老。早在生命出现之前它们就已经开始喷吐营养物质。时至今日，海洋中的水已经经过海底火山数万次的过滤，足以将生命的种子播撒到世界各地。

不止如此，海底火山还解决了几个一直以来困扰水池模型的问题。海底火山为生命的诞生提供了大量试管环境，由于从冷却的高温海水中析出的矿物晶体形状复杂多变，由这些晶体堆叠而成的海底"烟囱"在结构上充满气孔和通道，每一个孔道都相当于一根迷你试管，显微级尺寸的分子得以在这里接触并发生反应，而不会被冲进茫茫大海。你完全可以把这些海底"烟囱"想象成塞满数百万个反应试管，同时还在不断壮大的实验室。

如果规模还不足以解决所有问题的话，这些实验室还备有催化剂。这里说的催化剂并不是酶，而是诸如铁硫化物、锌硫化物之类的矿物，它们要么以颗粒形式悬浮在海水里，要么覆盖在孔道表面。除了催化剂，高温水和低温水的混合还带来了额外的好处。高温会同时加速合成以及降解生命成分的反应，火山口中心炽热的高温让生物的成分分子变得不稳定，而火山口周围冰冷的海水又会导致生命反应极度缓慢。正是由于火山口海水混合形成的水温梯度，保证了原始生命化学反应所需的最适宜温度。

深海热泉也很可能是研究新陈代谢起源的最佳场所。但是即便我们有十足的把握这么猜测，研究生命起源的科学家对于新陈代谢是否起源于深海也还是不置可否。因为我们实在无从考究到底是哪一个新陈代谢反应最早出现在生命的历史上。最合理的猜测可能是那些存在时间最久远的代谢反应，是那些不管是人类、动物，还是植物和微生物都拥有的代谢反应，甚至包括海底火山附近那些坚韧的微生物。在所有符合这个条件的可能代谢反应中，有一个显得尤其醒目：一个名为三羧酸循环 ① 的循环反应。

---

① 又叫柠檬酸循环，是需氧生物体内普遍存在的代谢途径，分布在线粒体中。——译者注

三羧酸循环包括以柠檬酸为起始分子的 10 步反应，柠檬酸得名于它让柠檬具有的口感。三羧酸循环反应在经历众多步骤，生成名字相当生涩的众多中间产物，诸如丙酮酸、草酰乙酸、乙酸等之后，最终以生成两分子的柠檬酸而结束。

一个分子通过循环反应变成两个分子，这听起来让人觉得难以置信。不禁让人联想起 19 世纪声名狼藉的永动机。不过这个反应实际上没有违反任何物理定律。三羧酸循环的本质是一个柠檬酸盐分子分解为两个小分子，然后利用二氧化碳中的碳元素以及其他分子的化学能，逐步合成新的柠檬酸分子。

科学家在地球上最古老的生命体内发现了三羧酸循环中的部分反应，但三羧酸循环出现在我们古老的祖先体内，并不是科学家猜测它是最早出现的新陈代谢反应的唯一依据。三羧酸循环的许多中间产物是合成许多其他生命必需物质的原料：草酰乙酸为许多氨基酸以及脱氧核苷酸的合成提供原子团，丙酮酸为糖类的合成提供原子团，乙酸则是合成脂肪的原料，所有这些都是细胞膜的重要组分。当然，它们也是许多其他生物分子的原料。如果你要寻找一个新陈代谢的中心反应，三羧酸循环是当仁不让的选择。

三羧酸循环还是一个重要的可逆反应，它可以朝正向或反向进行。其中一个方向，也就是上文所述的反应，就像无机电池驱动引擎制造生命所需的原料。栖息在海底热泉附近的细菌赖以为生的化学合成，正是利用了这个原理。如果这个反应逆向进行，就可以为维持生命活动的电池供能，我们的身体正是利用这个过程从食物中获取化学能。

即便三羧酸循环有着古老的历史，它的中间产物是合成反应的枢纽，并且是一个双向都具有重要意义的可逆反应，我们仍然需要一个米勒那样的实验作为它的证明。遗憾的是，世界上暂时还没有这样的实验。由于海底热泉的环境非常极端，在实验室里进行模拟的难度远远超过米勒的实验。此外，海底"烟囱"的反应孔道结构复杂，表面还包裹了无机催化剂，这两者对早期生命的出现至关重要，这样的试管可不是轻易就能在市场上买到的。虽然我们还不知道整条循环反应如何自然出现，但已有科学家指出了一种可能的方式：在铁硫化物或锌硫化物这类催化剂的催化下，三羧酸循环的关键分子丙酮酸首先在高温高压的环境里出现。在丙酮酸的基础上，实验室里自发出现了循环中剩余的其他反应。

三羧酸循环还有一个诱人的特征：循环反应的结果是分子数量的增加。每一次循环结束，初始的一个分子就变为两个，新生成的两个分子各自开始新的循环，而后生成四个分子，以此类推。化学家把这种现象称为自催化反应（autocatalysis），这也是从最原始的 RNA 复制酶到现代细胞生命的决定性特征：它们都在不断地复制自己。

但是三羧酸循环的自催化与 RNA 复制酶自我复制的本质不同。和循环里的其他中间分子一样，柠檬酸并不是直接复制它自己，而是通过完成整个循环中的反应，间接进行复制。我们假想的 RNA 复制酶是一种可以自我增殖的分子，相比之下，柠檬酸只是一张自催化反应网络的产物。这不能说是三羧酸循环的缺点，相反，它给我们的启示是，RNA 复制酶以及它所拥有的遗传信息可能并非生命的决定性特征。换句话说，遗传可能出现在生命诞生之后。

　　我们目前不知道，也许不久以后可以弄明白，三羧酸循环是不是所有新陈代谢反应的鼻祖。我们也不知道是不是在 RNA 复制酶之前真的有新陈代谢反应出现。**不过确切无疑的是，地球历史上第一个能被叫作活物的东西，不论它是什么玩意儿，都需要自催化反应来解决自己的温饱问题。**生命所需的新陈代谢可不是区区几个反应，因为每一个反应都需要许多其他代谢反应提供原料，以保证充足的代谢物质。一旦工厂和供应商都就位，达尔文的进化论就开始展现威力了。进化论使得相对优秀的工厂保留下来，与这些工厂相关的、更出色的供应商也就得以保全，后者又反过来造就了更优秀的工厂，以此类推，在无尽的循环里支撑起所有的生命之舟。

　　鉴于科学家发现的另一种罕见的催化剂，上述循环反应能够在深海热泉里诞生可能并非完全出于偶然。蒙脱石（montmorillonite），得名于法国的一个小镇蒙脱城（Montmorillon），当地农民利用这种黏土矿石在盐碱旱地里储存水源。20 世纪末期，吉姆·费里斯（Jim Ferris）等化学家发现了蒙脱石的一个新作用，它可以让组成 RNA 的小分子自动装配成超过 50 个核苷酸长度的 RNA 链。

　　当新陈代谢和自我复制准备就绪，生命就几乎要从一片混沌之中涅槃而出了。不过它还缺一身合适的行头，现代所有的生命体都在用相同的材料包裹自己：两亲性（amphiphilic）的脂质分子。"amphiphilic"的词根来自古希腊语中的"both"（双）和"love"（亲）。由于一端含有亲水基团，而另一端含有疏水基团，就像水坑里的一滴油会在表面散开一样，两亲性的分子同时

"亲"水和"亲"脂。

如果你有机会观察一下两亲性的脂质在水里的表现，肯定会大吃一惊：脂质分子能够自动形成囊泡。这是一些由一层薄薄的膜围成的空心球体，脂质分子在膜上的排布方式如图 2-1 所示。乍一看，我们可能很难理解这些分子要如何在没有外界的安排和帮助下，自动排列成如此复杂和有序的结构，但事实上并不难：这种排列是同时符合分子两端基团亲和性的最佳方式。图中实心圆代表的亲水部分距离水最近，而疏水部分离水最远，两层脂质分子相互为疏水基团起到隔绝水环境的作用。当你往水中加入脂质分子，这种膜就可以自发生成。此外，它们还在以自催化的方式生长，囊泡体积越大，生长得就越快。

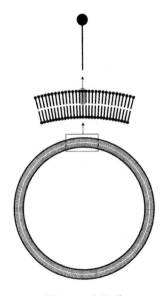

图 2-1　生物膜

囊泡膜成分的起源并不神秘，也不遥不可及。三羧酸循环里就有脂质分子的前体产物，另外，像默奇森陨石那样的地外来石也是这类分子的重要来源。你可以用热水浸泡陨石粉末的方式制造出这些自动装配的囊泡。不仅如此，催化 RNA 成链反应的蒙脱石，同样可以加速脂质膜的自动装配。深海热泉环境的帮助还远不止于此，它还能浓缩膜成分。这个发现来自哈佛大学的杰克·舒斯塔克（Jack Szostak）实验室，他们模仿构建了海底热泉中的孔道结构并发现，在极其微小的毛细管中，加热后的脂质分子浓缩并聚集到了同一侧，随后开始形成囊泡，而这一切都是自发的。

只要成分正确，复杂的结构就能凭空出现，这让人多少嗅到了范·海尔蒙特"自然发生说"的味道。不过，两者存在着本质的区别。老鼠、蛆虫或细菌的自然发生，需要借助无法解释的神秘或超自然力量，比如活力①。在活力论面前，由比希纳发现的酶显得滑稽而可笑。相比之下，生物膜和生物分子的自发装配，或者说是自组织（self-organization）形式，只需要简单的物理学和化学常识就可以理解。膜结构的装配只需要大量相似分子之间的相互吸引，就像海底火山喷发的颗粒自发堆积成高耸的海底"烟囱"，或者在蒙脱石催化下延伸的 RNA 链。以自组织形式形成的膜和分子在自然界算不上是什么稀罕的玩意儿。

自组织在宇宙中随处可见，甚至平常得往往会被我们忽略。自组织的出现远早于生命以及自然选择，它是恒星和星系出现的原因，也是地球诞生的推手，地球继而通过自组织俘获了月球，获得了海洋和大气，这股洪荒之力

---

① 活力，指让生命体区别于非生命体的神秘力量，不受自然法则支配。——译者注

还在持续改变着板块的位置。自组织造就了小到显微镜下的雪花的对称结构，大到狂怒的台风云，另外还有沙丘变幻的轮廓以及晶体永恒的美丽形状。如果说生命的起源中同样包含了自组织，我们也不用感到惊奇，因为自组织的确无处不在。

生命的自组织生物膜模型能够解决另一个有关早期生命的谜题：第一个细胞进行分裂的方式。现代细胞分裂的方式极其精致和复杂：由数十种蛋白质通力合作挤压并分开细胞，同时确保每一个子细胞都获得一份完整的母细胞 DNA 拷贝。脂质囊泡的分裂则显得相对原始和简单，舒斯塔克的团队在2009 年观察到了快速生长的脂质囊泡在分裂过程中的性状改变，即球形的液滴在分裂时逐渐变为细长的空心管。这些空心管非常不稳定，轻微的碰触就会让它们破碎成一个个小的液滴。更神奇的是，当研究者把 RNA 分子置入空心管时，它们会被分配到后来形成的小液滴里。没有生命的脂质液滴能够像细胞一样分裂：只需要借助体系内各成分简单的化学特性，而无须借助活力论，并且完全是自发的。

虽然我们已经从最开始的原始汤理论一路走到了这里，但是面前依旧有一些无法解决的问题，其中之一便是拦在从自分裂的脂质分子演变到真正的原始细胞之间的首要问题：如果细胞内的 RNA 的复制快于细胞生长，那么细胞会长到足够大再进行分裂，但如果是细胞生长快于 RNA 复制，那么RNA 会渐渐变得不足，新生细胞中将出现没有 RNA 的空壳囊泡。为了能够生存，生命必须平衡两者，精确调节复制和生长之间的关系，以便使 RNA的复制不快于细胞本身的生长。这种协调性到底是如何建立的，是 20 世纪科学遗留给后人的问题之一。

让我们从牛车直接快进到法拉利。虽然生命的某些特征在它们出现之后的 3 000 多万个世纪里都没有改变过，我们将在后续的章节里看到，生命的成分分子、调节方式以及新陈代谢一直都是新性状出现的源泉，但是进化也在不断塑造着生命除此以外的方方面面。早期原始的 RNA 复制体变成了复杂的蛋白质酶系，除了 RNA 和脂质，生命还学会了调节和平衡数千种其他分子。无数后来出现的生化反应将现代细胞的新陈代谢，相当于法拉利的引擎，变成了一项化学技术上的奇迹。

想象一下，你开着这辆法拉利从一场晚宴上回家。时值深夜，却在高速公路的某处发现燃料耗尽，目之所及没有任何加油站，也没有顺风车可以搭。但是没有关系，你打开后备厢，里面的冰箱里还有一些剩余的食物和饮料。你向油箱里倒了一瓶橙汁、一升牛奶和一杯酒。这些足够让你渡过难关，把你送到下一个加油站了。于是你又重新上路。

现代的新陈代谢过程正如上述的法拉利引擎，它们能够利用许多不同种类的燃料。除了燃烧供能之外，新陈代谢还可以利用所有这些燃料获得并合成身体所需的基本粒子，身体会利用这些粒子进行生长、繁殖或是修复伤口。这就好比一辆车不光能够利用油箱里的燃料启动引擎，同时还能用它修补漏气的轮胎和破损的挡风玻璃。

我们这里所说的基本粒子包含大约 60 多种核心分子，它们是构成以及修复人体的主要成分。最重要的基本分子莫过于组成 DNA 的 4 种脱氧核苷酸，也就是构成人类基因组的单位成分。每个脱氧核苷酸分子由一分子脱氧核糖、一分子磷酸基团以及一个含氮碱基构成。含氮碱基一共有 4 种，分别为腺嘌呤、胞嘧啶、鸟嘌呤及胸腺嘧啶。紧随其后的是 DNA 的转录产物 RNA，同样是调节生命活动的重要分子。组成 RNA 的 4 种核苷酸分别为腺嘌呤、胞嘧啶、鸟嘌呤和尿嘧啶（uracil，U），和组成 DNA 的脱氧核苷酸仅有一个氧原子的区别，不过正是这个氧原子导致了巨大的化学差异，使得 RNA 更适合作为催化剂。

由于缺乏氧原子的核糖更稳定，所以 DNA 更适合作为遗传信息的载体。RNA 继而被翻译为蛋白质，构成蛋白链的基本单位是 20 种氨基酸，其中的一些在日常生活中十分常见，比如感恩节后嗜睡症的元凶色氨酸，还有调味剂味精的主要成分谷氨酸。除此之外，还有生物膜的主要成分磷脂，在食物不足时的能量储存分子，协助酶完成催化作用的分子等，正是类似的大约 60 种单位分子构成了细胞本身。

新陈代谢的主要任务在生命出现的 38 亿年间几乎丝毫未变，主要是获取能量以及合成物质。新陈代谢反应本身也没有改变，以前一分子蔗糖通过水解反应得到一分子的葡萄糖和一分子的果糖，现在依旧如此，改变的仅仅是新陈代谢反应的数量。我们远古的祖先只需要依靠寥寥几个生化反应就可以活命，而现代生物则要依赖众多复杂的新陈代谢反应。

现代的新陈代谢是一系列高度复杂且相互关联的生化反应组成的网络，这张反应网是生命经历将近 40 亿年进化的结果。如果你试着把这些反应绘制出来，它看起来像极了一张标注出每条街道的美国地图。从居民区的小巷到整条州际高速，一切尽收眼底。图的中心是古老的三羧酸循环，就像连接白宫和国会大厦的宾夕法尼亚大道。图 2-2 展示了这张反应网络的一小部分，图中以线条相连的两种物质（在图中以图形表示）之间都存在相互反应。你可以把它当作一张村庄的地图来看，图中标出了蔗糖分解反应中的 4 种相关分子，它们都被圈在一个椭圆内。不过，不要被这幅简化图欺骗了，它所展示的并不是完整的事实。果糖实际上在人体内参与了 37 种不同的反应，而不只是图中展示的这一种。另外，现代的新陈代谢反应需要底物以外的许多其他分子参与才能完成。

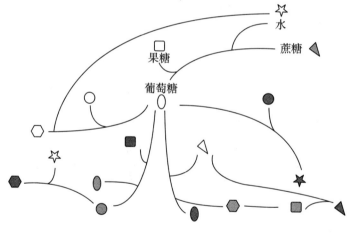

图 2-2　部分新陈代谢网络示意图

弄清代谢反应网络中涉及的分子花费了科学家一个多世纪的时间。在过去的 100 多年里，数以千计的生物学家通过研究同一种人类肠道细菌构建了有关新陈代谢的知识巨塔，这种细菌就是大肠杆菌。科学家构筑这座知识巨塔耗费的时间和精力几乎与在现实中建造一座中世纪大教堂无异，而从塔顶看到的风景也蔚为壮观。

如今，我们已经意识到大肠杆菌的新陈代谢十分奇异，包含数百个代谢反应以及反应中涉及的数千种分子。我们也意识到，就新陈代谢这方面而言，大肠杆菌以及许多其他微生物都可以轻易打败我们。比如，对于组成蛋白质的 20 种氨基酸，我们的身体只能合成其中的 12 种，其余的氨基酸只能通过食物获得；正常情况下身体需要的 13 种维生素，只有两种是我们的身体能够合成的，即维生素 D 和 B_7（生物素）。而大肠杆菌可以从零开始合成所有这些维生素。

大肠杆菌的新陈代谢之所以如此复杂，关键在于我们上述所说的那 60 种生物单位分子。合成每一种基本分子都需要众多相关反应以及中间产物，而大肠杆菌是一名出色的生存游戏玩家，营养丰富的肠道并不是它最得意的竞技场，哪怕是贫瘠到只有 7 种小分子的饥荒环境也可以是它们的乐土，它们依旧能够利用这些分子获取能量和营养。在这种极端的环境里，每分子物质都必须身兼两职，比如葡萄糖就在为大肠杆菌提供能量的同时也为它的合成代谢提供碳元素。大肠杆菌仅凭这些就可以合成任何需要的基本物质，然后再用这些单位物质获得其他所有所需的生物成分。

作为一名生存型选手，大肠杆菌的本事还不止于此。如果从已经贫瘠不堪的环境里取走所有的葡萄糖并替换成另一种不同的物质，比如甘油，大肠杆菌依然能够利用这种新的成分为自己提供碳元素和能量。把甘油换成醋酸，道理也相同。总共算起来，大肠杆菌可以利用超过 80 种不同的分子作为它唯一的能量以及碳原子来源，进而合成细胞内的千万亿分子。对于其他几种元素也类似，比如氮元素和磷元素。大肠杆菌就像一台能够自我构建、自我增殖、自我修复的跑车，而它需要的燃料既可以是煤油，也可以是可口可乐，甚至可以是洗甲水。

成分越是简单的化学环境越适合微生物的实验室研究，但在自然界中如此纯粹可控的环境往往不常见。在类似土壤和人体肠道这样的环境里，物料分子的种类总是不断发生着变化。为了从这样的环境中有效摄取能量和碳源，微生物代谢的物质需要有一个明确的先后顺位。而要建立这种顺位，它们就必须尝试每一种可能的能源和碳源。

这样一想，1 000 多种反应听起来似乎也不算多了。

当今的生物与它们遥远的祖先的另一个重要区别在催化剂，也就是加速化学反应的功能分子。如果你的肠道缺乏适当的酶，比如蔗糖酶，那么你可能要花上几年甚至数十年时间才能消化一杯糖水里的蔗糖。如果没有蔗糖酶的帮助，就算你每天喝十几升的糖水，最后依旧会死于低血糖。

不过，现代生物的催化剂已经不是简单的金属元素催化剂了。如今自然界的生物催化剂可以成万亿倍地提高生化反应的速度，让底物分子几乎在相遇的同时就完成反应。自然界有数千种不同的催化分子，每一种都有特定的氨基酸序列。再以蔗糖酶为例，蔗糖是一个包含 1 827 个氨基酸残基的巨大分子，每一个氨基酸残基至少有十几个原子，也就是说一个蔗糖酶分子里有两万多个原子，但是蔗糖分子总共只有 45 个原子。与蔗糖酶相比，如果说蔗糖是一粒豌豆，那么蔗糖酶就相当于一个足球，这也就是为什么相对于它们所催化的底物或者合成的产物而言，酶分子会被称为生物"大分子"（macromolecules）。蔗糖酶看起来已经不算小了，但是类似大小的酶在自然界比比皆是，很多酶的尺寸甚至远远超出于此。

蔗糖酶的氨基酸链合成之后，需要进行空间上的弯曲和折叠，如同毛线球一样，但是两者有一个重要的区别：每个毛线球可能都略有不同，但是每一个蔗糖酶都完全一样。蔗糖酶的氨基酸链合成之后，会在空间上以严格的方式进行精确的折叠。经过折叠的蔗糖酶通过高频的扭曲、摇摆和震动执行它的催化作用。我们可以想象一下这台自我组装的纳米机器，它行动迅速地吸收底物分子，裂解之后吐出反应产物，整个过程一气呵成，快得让人眼花缭乱。

每一个细胞都含有数千种类似的纳米机器，每一种都负责催化一个特定的生化反应。所有这些酶都在细胞内生物单位分子高度集中的区域内发挥作用，这些代谢反应发生的特定位置通常比东京高峰时段的地铁站还要拥挤，令人称奇。

我们还不知道生命到底是如何从最初简单的形式进化出如此高度的复杂性，或许我们永远也无法知道确切答案。到目前为止，在化石中发现的最古老的细胞已经与现代细胞无异，而它们的祖先至今仍然半遮着容颜，隐藏在氤氲之中。这种未知一点都不奇怪。多数古老的岩石都无法在漫长的时间长河里保留下来。最早的原始生命不过是一团柔软脆弱的分子，即使动荡的大陆板块没有把它们留在岩石上的痕迹抹得一干二净，它们也不是铺满海底的蓝绿藻（blue-green algae）①，更不用说像生活在数亿年前的恐龙那样，留下巨大的骨骼化石。

———————

① 又称蓝藻细菌，其尸体在距今 35 亿年前遗留的钙质形成了现今的叠藻岩（stromatolites）。

但我们可以确信的是，所有生物都来自一个共同的祖先，这并不是说生命起源只发生过一次。由于自组织现象的存在，我不会对历史上生命有过多次起源感到惊奇，最早的生命可能诞生于深海热泉，可能诞生在温暖的池塘，又或者，天晓得是哪里。在所有这些忽明忽暗闪烁于地球早期的微弱的生命之光中，有的星火难以为继，有的则越来越明亮。它们之中只有一个得以辉煌灿烂，并诞下了今天所有的生命。这不是"仁者见仁，智者见智"的问题，而是必须如此，原因只有一个：标准化，精确并且广泛适用的标准化。

计算机学家安德鲁·塔嫩鲍姆（Andrew Tanenbaum）曾经不无嘲讽地说："标准化的唯一好处是，它让你有充足的选择余地。"我大概明白他所嘲讽的对象。每当我家里的遥控器、钟表或者别的什么小玩意儿没电的时候，我就要翻箱倒柜地找出一大把大大小小的电池，但通常都没有我需要的型号。如果日常生活中只存在一种规格的电池，抑或只有一种型号的咖啡滤纸、数据存储介质和操作系统，那不知道要免去多少麻烦。甚至更古老的技术都头疼于难以统一的标准：在公共电力系统建立一个多世纪之后的今天，世界上依然存在 14 种互不兼容的插座标准。每天，当全世界上百万个国际旅行者带着笔记本电脑、电吹风和剃须刀到达一个陌生的城市，却发现忘记带上合适的插座转换器时，想必都是万般无奈。

大自然不一样，它有标准化的电池，有着各种可利用的能量形式，包括机械能（拆迁时用铁球撞毁房屋）、电能（驱动电脑的电子流）和化学能（分子中把原子连接在一起的键能），其中化学能是最受生命青睐的。地球上的所有生物，从单细胞的细菌到巨大的蓝鲸，都使用同一种标准化的储能物质，这种能量分子就是三磷酸腺苷（adenosine triphosphate, ATP）。三磷酸腺苷分子中有高能的化学键，当高能化学键断裂时，键能就会转移到其他分子中，同时三磷酸腺苷变为相对低能的二磷酸腺苷（adenosine diphosphate，ADP）。为了重新合成三磷酸腺苷分子，需要某些特殊的酶催化，将能量从能源分子转移到二磷酸腺苷当中。

不过，并不是所有来自三磷酸腺苷的能量都会被转移到其他分子上。细菌用三磷酸腺苷的能量挥动鞭毛，驱动自身在水里游动。萤火虫则在希望吸引配偶的时候用三磷酸腺苷点亮自己的身体。有些种类的鳗鱼会把三磷酸腺苷的化学能转化为电能，并用电脉冲捕捉猎物。但是无论最终变成什么形式的能量，不管是机械能、光能还是电能，生物利用的所有能量本质上都是来自三磷酸腺苷的化学能。

如果细胞想利用能源物质来合成自身的成分，比如葡萄糖，它必须首先将葡萄糖里的化学能转移到三磷酸腺苷里。而后一步接一步，三磷酸腺苷的化学能被用于合成其他分子。通过这种方式，来自食物的化学能最终成为生物成分分子中的化学键能。因此，三磷酸腺苷是能量转移过程中关键的中间分子。

所有生物都以三磷酸腺苷为通用的标准能源物质，它们不需要检查电池的型号，也不用在机场为插座转换器支付额外的溢价。现存的所有生物都继承了某个祖先发明的储能标准。然而，这个出色的标准化能源并不是生物唯一的标准化项目。我们已经见识过新陈代谢的中心反应三羧酸循环了，还有自然界通用的生物膜里的脂质分子与水的爱恨情仇。除此之外，还有 DNA、RNA 以及每三个核苷酸分子对应一种氨基酸的密码子编码方式，所有生物都采用同一套密码子。

三磷酸腺苷和三羧酸循环作为生物界的通用标准，与光速作为宇宙速度的极限存在些微差异。三磷酸腺苷和三羧酸循环不是生命唯一的选择。我们已经发现了可以遗传编码的潜在方式，还有能量载体三磷酸腺苷，甚至是作为遗传信息载体 DNA 的可能替代物。所以，生物体的标准化不是必然，而是某个远古的共同祖先的遗留物。生命起源之初，有许多踌躇满志的选手对这场进化的马拉松跃跃欲试，不过由于自然选择或者运气不佳，最终只有一名选手坚持到了终点线，留下了自己的子嗣。如果设身处地地体会一下这个祖先过关斩将、披荆斩棘最终子孙满天下的过程，个中艰辛不禁令人感到些许绝望。所幸，"祸兮福之所倚"，从中我们得到的启示是，至少对于常年旅行的人来说，或许再等上 40 亿年，人们就不再需要插座转换器这种烦人的东西了。

当你读到这里的时候，你已经对生命起源的谜题有所了解了。我们现在知道，生命可能起源于温暖的"小池子"，可能起源于深海热泉，也可能起源于冰封的大海，甚至起源于外太空。也许我们要再等上一个世纪才能知道答案。不过，对于理解生命起源和进化来说，相比于弄清实际的过程，有两个启示在现阶段显得更为重要。

第一个启示，生命需要进化的能力，甚至在生命还没出现的时候就需要，以保证自催化的新陈代谢和最早的自我复制体诞生。

第二个启示，生物进化的交响曲有三段不同的主旋律。第一个篇章，进化把不同的化学反应组合到一起，比如合成生物单位分子的代谢反应以及合成第一个自我复制分子。第二个篇章，进化需要借助促进分子反应的辅助分子的力量。第三个篇章，进化创造了调节，这是高度复杂的生命体维持自身稳定的关键。伴随着生态圈的生命体变得越来越复杂，适应力不断增加，进化的这三个主旋律回荡在历史长河里，振聋发聩。

原始的新陈代谢演变为复杂的反应网络，网络中的反应不断发生重新组合，让生命尽可能地拓展到了任何可能的栖息地中。复杂的蛋白质酶替代了无机催化剂，并让功能复杂的蛋白质的出现成为可能，比如感光用的视蛋白以及防御用的角蛋白。还有调节，虽然它看起来似乎无关紧要，却是进化必不可少的组分，正是由于调节过程的存在才让多细胞器官得以出现，如四肢、心脏和大脑。

从生命出现到今天，进化一直在不断改变和优化新陈代谢、蛋白质和调节。虽然这三者看起来毫无联系，但在它们背后起关键作用的，正是神奇而强大的自组织形式。

ARRIVAL OF THE FITTEST

03
宇宙图书馆

Solving Evolution's

Greatest Puzzle

一种生物所具有的全部生化反应构成了这种生物的新陈代谢。新陈代谢进化的本质在于重新组合。生命时刻在尝试每一种可能的基因新组合，重新解读，重新编译，然后重新布局代谢遗传，毫不停歇，从而造就并提升着代谢的多样性。新的代谢能力是不断驱动生命拓展最前沿阵地的引擎。

想象一下，你站在一个堆满书的房间里，书垛直冲天花板。四面的墙壁上都是成排的书架，连留个门的位置都显得够呛。你穿过房间，开始翻阅周围的书。很快，你就发现房间里每一本书的页数，每一页中的行数，以及每一行里的字数都不多不少，全部相同。不过奇怪的是，这些书中的内容犹如痴人的呓语，不知所云。每本书的每一页，每一页中的每一行都是字母的随机排列，诸如"hsjaksjs……"或者"zvaldsoeg……"等，凌乱无序的字母中偶尔穿插着空格和标点。只有在十分难得的情况下，你才会找到几个有意义的单词，比如"cat"（猫）、"teapot"（茶壶）、"bicycle"（自行车），它们就像漂浮在文字垃圾海洋上的鲁滨孙之岛。

不消多时，你肯定就会对这些毫无意义的书感到厌烦。于是你选了其中一面墙上的门想出去透透气，推开门却发现自己进入了另一个一模一样的房间：四面墙上各有一道门，每扇门旁都围着密密麻麻的书架。书架上的陈列依旧如同天书，毫无意义可言。

这个房间里的门又把仍不死心的你带到了另一个几乎一模一样的房间，

一个接着一个，无穷无尽，直到你终于意识到自己身陷于一个没有尽头的迷宫里，除了成堆的书，周围的一切都一模一样。你在探索的途中遇到了其他人，从他们嘴里你得知这个藏书的地方巨大无比。难以计数的书构成了这个庞大而又神秘怪异的图书馆。

我们姑且把你身处的这个房间称为"宇宙图书馆"，里面收纳了世间所有的书籍。

确切地说，所谓"所有的书籍"是指所有字符的所有组合方式，即 26 个英文字母以及标点符号的所有组合。这种随机组合方式的典型产物你已经见识过了，正是图书馆里那些毫无意义的文字垃圾。不过，偶尔你也可以在某本书里找到一个有意义的单词，一个表意通顺的句子，甚至是一整段话。按照这个思路，可以想见在图书馆的某些角落里，我们还是能够找到一些符合语法、言之有物的书。由于宇宙图书馆里收录了所有可能的书，这也就意味着它收录了所有在人类历史上被撰写和出版的书。

所有可能被书写的小说、短篇故事、诗集、真实或虚拟的传记、哲学专著、宗教典籍、科学及数理论著；除了用英语撰写的书，甚至还有用任何文字书写的书；有阐释世间真理的书，也有散布虚伪谎言的书；有对于其他书进行评论的书，有关于这座图书馆前世今生的书，有的正确，有的谬误；有关于你一生的书，告诉你你的人生从何开始，又将去向何方、归于何处；当然，也包括你现在正在阅读的这本书。所有这些书都被收录在这个图书馆中，宇宙图书馆的规模远远超出你的想象。

如果我们想对宇宙图书馆的规模大小形成一个模糊的印象，不妨假设馆里的每本书里有 50 万个字母（这不算特别多，基本和你正在读的这本书相仿）。不考虑标点符号，50 万个字符中的每一个仅有 26 种不同的字母选择（从 A 到 Z）。具体说来，一本书的第一个字母有 26 种可能，第二个字母依旧有 26 种可能，而后第三个、第四个……如果要计算有多少种可能的书，我只需要计算 26 的 50 万次方，也就是说 $26^{500\,000}$。这是个非常巨大的数字，在 1 的后面足足跟了 70 万个 0，光是这些 0 的数目就已经比书里的字母多了。这个数字是一个超宇宙常数，已经远远超过了宇宙中氢原子的数量。

宇宙图书馆里的馆藏就是自然母亲创造力的真相：全包全揽、无穷无尽。只不过，我们在宇宙图书馆中要讨论的并不是用人类的文字写就的书籍，而是用遗传字母和化学分子谱写的 DNA。

人类的文字或许能够记录整个宇宙，前提是那些语言可以涵盖的内容，但在这座宇宙最古老的图书馆里，化学才是创造新陈代谢和生命的通用语种。人类可以用散文和诗歌歌颂这个星球上数以万亿计的任何生命，但创造这些生命却只能用化学语言，特定的化学反应遇到生命基本的构成物，继而造就生命体。图书馆里的所有化学语言之和就是生命之歌。

在第 2 章中曾经提过，我们在地球上的部分生物体内已经总计发现了超过 5 000 种合成生物体自身物质的化学反应，包括用来合成 DNA 和 RNA 的核苷酸，以及用以合成蛋白质的氨基酸。大肠杆菌细胞内发生的近 1 000 个生化反应，正属于这个范畴。此外，还包括所有细菌、真菌、植物、动物及人类体内的化学反应。多亏了这些化学反应的存在，人类的身体才能够从糖和其他食物中吸收能量，修复不小心摔破的膝盖，补充身体里每天损耗的数百万个红细胞。

没有哪种生物可以同时具有所有的 5 000 多种生化反应，每一种生物只能利用其中的一些，一种生物所具有的所有生化反应就构成了该生物的新陈代谢。多亏了 20 世纪生物化学领域的新发现和 21 世纪早期的技术革命，我们才能通过对众多物种的研究，从而了解这些反应。目前，科学家已经把超过 2 000 种生物的代谢信息储存在巨大的在线数据库中，如京都基因与基因组百科全书（Kyoto Encyclopedia of Genes and Genomes）以及 BioCyc 数据库。任何接入互联网的计算机都能方便快速地访问这些数据库。

图 3-1 代表了一种我们如何组织这些信息的方式。左侧列出了 5 000 种不同的生化反应，每个生化反应都以化学方程式的形式表示。为了避免冗杂，我只写出了其中的一个方程式：蔗糖的分解反应。其余的反应物都以简单的字母替代。我们考虑某种特定的生物，比如大肠杆菌或人类，如果这种生物体内具有该反应，我们就在对应的方程式右侧标记一个"1"，代表它具有相应的基因，负责编码催化该反应所需的酶。否则，我们就标记一个"0"。于是便得到了一长串连续的"1"和"0"，正如图中所示的那样，我们可以用这串由"1"和"0"构成的数列代表任何一种生物的新陈代谢模式。

像大肠杆菌这样的细菌可以合成所有 20 种构成蛋白质的氨基酸，而像人类这样的代谢"差生"则只能合成其中的 12 种。我们缺乏合成其余 8 种氨基酸的酶和化学反应。以图 3-1 中的简化法描述新陈代谢可以很形象地解释物种间的区别：由于我们缺乏相应的生化反应，对某些生化反应而言，我们的标记就是"0"，而大肠杆菌的标记是"1"。

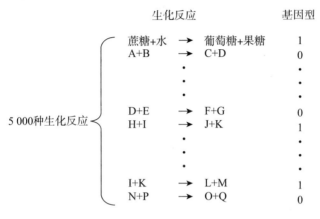

图 3-1　代谢基因型示意图

这种数列相当于一种简化的生物代谢基因型，是所有代谢反应的总和，也就是新陈代谢，所以代谢基因型包含了一种生物基因组中与代谢有关的所有基因。你可以把它看作是一种用二进制书写的文本，既没有标点，也没有空格，譬如"1001…0110…0010"。文本的第一个字符代表蔗糖分解反应，这里它的编号是"1"，而第二个反应可能代表合成某种必需氨基酸的反应，在这里的编号为"0"，代表这种生物不具有这种反应，而另一种生物则可能具有，也就是说其基因型编号是"1"，以此类推。

上述文本只是宇宙图书馆里的其中一个例子，事实上，庞大的图书馆内包含了所有可能的代谢基因型。

用计算图书馆书本数量的算法，我们同样可以计算这种编码方式下的所有编号数量。每一种生化反应对于某种特定生物的新陈代谢来说只有两种可能性，存在或不存在。对于第一个反应有两种选择，第二个反应亦然，以此类推。当检验过每一种生化反应后，编码的总数就等于与反应数量相同个数的 2 相乘。就已知的 5 000 个生化反应而言，可能的基因型一共有 $2^{5\,000}$ 种，每一种基因型都是由 "0" 和 "1" 构成的数列，代表一种不同的代谢种类。这个数字超过 $10^{1\,500}$，也就是 1 后面跟着 1 500 个 0。虽然比不上我们上文中的书本多，但也已经远远多于宇宙中的氢原子数了。代谢图书馆内的馆藏数量同样超乎常识。

如同随机庞杂的宇宙图书馆里包含了所有真实存在的书，代谢图书馆里同样包含了所有 "真正" 的代谢基因型，即那些真实存在于某种生物体内的代谢模式，而另一些并没有实际意义，只不过是乱码的书本而已。有的代谢基因型无法令生物获得能量，而有的则无法合成重要的代谢物质。好比一本书，虽然有的章节、段落或句子语意通顺、语法正确，但整本书却没有主旨，逻辑混乱。更有甚者，通篇连一句有意义的句子都难得一见，只有混乱无序的字母串。这些基因型所代表的代谢由缺乏关联的生化反应组成，它们的合成反应往往以对生物无用的产物分子大量囤积而告终。

如果你在宇宙图书馆里停留足够久，一定会发现一些在主旨、想法和创意上让你颇感惊讶的书。代谢图书馆里的馆藏在这方面也是一样。你会发现前所未有的生化反应、合成新颖小分子的表现型以及利用新能源的能力。换句话说，你会发现一些新的性状。

新陈代谢与生物进化几乎一样古老，不断进化的生命几乎一经诞生就开始探索这座庞大的图书馆。 大自然早在 10 亿年前就创造了数量多得难以想象的生物性状，远远超出了实际需要。然而进化并没有因为这些早期的成就而骄傲自满、停滞不前。在数以万亿计的现存生物中，新的生物性状依旧以远远超出我们解读能力的速度不断涌现。某些新性状出现的时间还不到 100 年，对于整个进化史来说，这仅仅是一瞬间而已。

我们来认识一下五氯苯酚，人类第一次学会合成这种臭名昭著的分子是在 20 世纪 30 年代。它被作为防污涂料用于船体表面，同时也被作为杀虫剂、除真菌剂以及消毒剂。简而言之，五氯苯酚被用来杀死各种生物。五氯苯酚对人的肾脏、血液以及神经系统同样有害，此外，它还是一种致癌物质。不过，即使它剧毒无比，生命还是找到了方法耐受它的毒性，甚至把它作为美味佳肴。鞘脂菌属的细菌 S.chloroplenolicum[①]，顾名思义，能够利用五氯苯酚同时作为自己的碳源和能源，并且五氯苯酚是它唯一的食物来源。为此，它的基因组编码了 4 种催化用的酶，用以将五氯苯酚转化为像葡萄糖一样容易消化的分子，这相当于把生化武器变成了自己的战争口粮。

这种利用五氯苯酚的能力是 S. chlorophenlicum 特有的，但代谢的化学反应本身却不是。五氯苯酚代谢过程的每一步反应都可以在其他数百种乃至数千种生物体内找到。其中两步反应在某些细菌中起到循环利用多余氨基酸的作用，而其余的两步反应则会参与分解某些真菌和昆虫分泌的毒性分子，因为这些毒性分子的结构恰巧和五氯苯酚类似。进化就像一座由自动报警的酒

---

① 五氯苯酚（Pentachlorophenol）的属名 Sphingobium 意指其为鞘脂菌属，种名 Chloroplenolicum 暗示其可以利用和吸收五氯苯酚。——译者注

水系统、气泵和聚氯乙烯管等组合而成的机械停车楼，它利用不同生物中已然单独存在的各种反应，重新组合出了独特的 S. chlorophenolicum。也就是说，新陈代谢进化的本质在于重新组合。

生物体通过进化获得摄食人造剧毒分子的能力，这种现象在自然界并不鲜见。伯克氏菌属的细菌 B.xenovorans 能够大啖多氯联苯，而这种曾经被广泛应用在塑料制造和电气工业领域的化合物已经被明令禁止。还有一些细菌甚至能消化氯苯，后者是化学实验室普遍使用的一种剧毒有机溶剂。更极端的是，有的细菌甚至可以分解和吸收专门用来杀死它们的抗生素。能被细菌作为食物的抗生素中包括一些人造的种类，所以它们利用这些抗生素的历史并不长。

自然力量不仅能为无米之炊，把毒药变成生命的美味口粮，还能贤惠地废物利用。以氨气（NH_3）为例，你可能觉得它不过是家用清洁剂里刺鼻而难闻的那种气体，但它除了辣眼睛之外，还是一种剧毒的动物代谢产物。由于氨气易溶于水，所以鱼类可以直接把代谢的氨排入周围的水里，而后扬长而去。对于人来说，这就好比是排尿的过程。然而当 3 亿年前动物开启进军陆地的征程时，它们再也享受不到这种随时如厕的福利了。陆生动物亟需一种新的方式排出血液中的剧毒氨气。

这种新的方式可以在代谢图书馆里找到，那就是把氨气转化为毒性较低的尿素，直到今天，尿素依旧是我们尿液里的主要成分。尿素的合成反应包含了五步普通化学反应，远在削减氨气毒性的反应之前。尿素合成反应中的每一步反应都已经在不同生物体中存在，互不相干，井水不犯河水。

我们不知道动物学会合成尿素的确切时间点，不过相关的线索俯拾皆是。虽然现代多骨鱼，即硬骨鱼，不需要用转化代谢的方式来降低氨气的毒性，但是作为硬骨鱼的祖先，同样游弋在海洋里的软骨鱼早在硬骨鱼出现之前就已经学会合成尿素了，代表鱼类有鲨鱼和鳐鱼。大白鲨合成尿素的目的与人类稍有不同：它们不仅利用尿素作为氮元素的储备池，同时还用尿素保持自身的浮力和在海水中的平衡。你可能会想，如果硬骨鱼遥远的祖先能够合成尿素，那么在它的 DNA 中是不是可以寻得一些与合成尿素有关的蛛丝马迹。倘若如此，你的确没有想错：主导尿素循环反应的基因的确还存在于硬骨鱼当中，只不过它们在绝大多数情况下都不表达。这些沉默的基因在硬骨鱼体内就像牙牙学语时的我们，虽然能够认得些许词汇，却也是有口难言。

清除垃圾不如废物利用，而大自然尤其擅长后者。无论是氨气还是尿素，动物排出的含氮废物都是植物的肥料。而我们呼吸的每一口氧气也不过是植物光合作用产生的"废物"。每一克动物排泄物里都含有数十亿个细菌：人类排出的废物恰恰是这些微生物的无价之宝。粪便里的每种细菌都有自己独特的代谢方式，不管代谢模式是新是旧，都可以用于降解粪便里的有机分子，为细菌提供能量和所需的分子，使它们繁荣昌盛、生生不息。

代谢的进化不仅发生在适宜的环境里，在极端环境中也同样常见，如极端高温、极端寒冷、极端干燥、高度腐蚀性、辐射过量、极度高渗等。细菌作为个中典型，能够在沸腾的水里生息，也能在冰天雪地里泰然自若，既不害怕具有腐蚀性的硫酸，也对有着致命压强的深海毫无畏惧。为了能够在这些环境里生存下去，它们经历了无数次进化，而许多进化都与代谢相关。

如果没有这些进化，极端环境可以像这些细菌杀死我们一样，轻易地让细菌们毙命。以高盐环境为例，由于酶在执行自身功能时依赖水作为溶剂，高盐环境中的高渗透压可以令细胞脱水而死。为了弥补损失的水分，代谢进化出了一些独特的物质，比如四氢嘧啶和甜菜碱。这些名字古怪的分子没有水那么容易脱离细胞，能够在水分顺着渗透势离开细胞的时候作为水分子的替代物。它们可以维持蛋白质的溶解状态。而合成这些分子仅仅需要几步额外的化学反应，以及一些常见的物质作为原料，比如天冬门氨酸盐。把这些合成反应整合到你体内的新陈代谢中，你就获得了在相应的极端环境中立足的资本。嗜盐菌（halophilic bacteria）——它的名字来源于希腊语"喜盐"（salt-loving），能够在浓度高达 30% 的高盐环境里存活，10 倍于人类所能耐受的极限浓度。嗜盐菌能够在盐晶体周围甚至晶体内部存活。

与其他生物比起来，可怕的极端环境倒显得有些不值一提了。掠食者和捕食者都是生物生存的大麻烦，尤其当你无从逃避的时候。由于无法移动，常见的植物基本都是其他生物的刀下肉，如昆虫、生活在地底的蠕虫、地面上的蛞蝓和食草动物都把植物当作盘中餐。植物无法通过行动进行防御，所以它们进化出剧毒的化学物质令动物避之不及。植物并不是这场化学战争里的唯一参与者，但确实是个中精英和翘楚，其中的原因大概正是因为它们哪儿也去不了。

毒性分子的合成需要植物整合特定的生化反应，所以这些防御性分子均来自植物经历的长期进化。其中一种分子名叫尼古丁，也是令许多人吸烟时如痴如醉的烟草植物合成物。由于其巨大的毒性，尼古丁也被一些农民用作杀虫剂。但最近一组德国科学家发现，植物才是这种杀虫手段的首创者。当他们人为地降低烟草植物内的尼古丁含量后，某些害虫开始对它们大快朵颐。

这些昆虫对烟草的攻击更频繁，吞噬的叶片更多，生长更迅速。而对于烟草而言，它们在掠食者的攻击下失去了比普通烟草多 3 倍的叶子。

尼古丁只是我们现在已知的 3 000 多种植物碱里名声最响亮的那个。植物碱指一大类围绕氮原子构建的有机分子，包括咖啡因和吗啡，它们是植物的化学自卫武器。此外，虽然种类繁多，但植物碱也只是植物众多化学武器中的一种。其他的"化武"还包括涩味的丹宁，也就是食用不熟的水果时让你的嘴巴感到干涩的罪魁祸首。丹宁会与植物的蛋白质紧密结合，阻止它们在我们的肠道内被消化，这使动物对合成丹宁的植物心生厌恶而不愿意优先摄食它们。

最为臭名昭著的是一种叫生氰糖苷的化学防御物质，主要存在于非洲和美洲的主要粮食作物木薯和树薯中。如果不经由充分烹煮与浸泡除掉生氰糖苷，这些作物就会释放氰化氢，也就是齐克隆 B^① 中的活性成分，后者曾经被泵入纳粹奥斯维辛集中营的"洗浴室"里。如果你还在幻想大自然是一个诗情画意的秀丽之地，是伊甸园里的后花园，那么植物的生化武器可以立马把你天真可爱的愿景轰得灰飞烟灭。

上述生化武器分子都是对已有化学反应重新组合得到的产物，新的反应顺序让普普通通的原料转化为剧毒物质。反应的每一步都需要代谢基因型中一段特定的文本作为指导。

---

① 齐克隆 B（Zyklon B），德国化学家弗里茨·哈伯（Fritz Haber）发明的氰化物药剂，原为除虱的杀虫剂，后用于奥斯维辛集中营，屠杀了大量犹太人。——译者注

不同物种获得新代谢的方式十分类似，这些方式在大型的多细胞生物中也很常见，人类就位列其中。表现之一就是伴随着有性生殖出现的性状改变，有性生殖后代性状变化的原因主要是来自亲本的染色体发生随机组合和重新洗牌，所以我们每个人都是从异于父母的起点开始各自的生命旅程的。此外，DNA 还会由于一些随机事件发生自发突变，包括紫外光子冲击以及代谢过程中产生的高能氧自由基损伤 DNA 分子中的化学链接。

由于有性生殖的"重新洗牌"只发生在高度相近的基因组之间，而任意两个人的基因组相似度都高达 99.9%，所以上述两种检索方式在代谢图书馆里都算不上高效。打个比方，如果你只修改《哈姆雷特》中的 30 个单词，并不能把它改成一部全新的作品。另外，虽然变异可以创造出新蛋白，包括新的催化酶，但这种概率非常小，意味着纯粹依靠变异的进化过程将十分缓慢。

此外，代谢进化在大型、多细胞动物中进展缓慢还有一个原因。**有价值的能量获取新方式和生物体新结构在种群中的传播范围与传播速度正相关。**对于生殖周期为数十年，哪怕是数个月的动物来说，由于繁殖速度的限制，它们的种群都无法快速地实现进化。

即使面对无数的不利条件，包括人类在内的动物在代谢进化方面也并不是无所作为的。我们的身体能够降解药物，比如生活中常用的阿司匹林，化学家则称之为乙酰水杨酸。通过一种叫葡萄糖醛酸结合反应（glucuronidation），阿司匹林可以被修饰为毒性较低的产物继而随尿液排出。

猫、鬣狗等掠食动物体内则缺乏这种代谢需要的酶。（所以下次在给你的宠物狗喂阿司匹林之前，最好先咨询一下你的兽医。）你可能会问，远在拜耳公司把阿司匹林这种药投入市场的 20 世纪 80 年代之前，我们的身体为什么要在进化中保留这种酶呢？回答这个问题的线索在阿司匹林的名字本身，"aspirin"取自一种绣线菊属植物——榆绣线菊（spiraea ulmaria）。这种植物和许多其他植物在很早以前就被用于止疼。不仅如此，含有水杨酸的植物曾是我们祖先采集的食物之一，因此，与鬣狗那样纯粹的食肉动物不同，作为杂食动物的我们需要一种降解水杨酸毒性的手段。

不过，在多细胞生物的世界里，人类根本算不上代谢竞技擂台上的种子选手，许多动物在代谢的不同方面都胜于我们。人类无法合成维生素 C，所以许多人早餐时都要来一杯橙汁，而狗却能够合成自身所需的维生素 C。虽然我们能从植物的种子，如大麦和玉米中吸收热量，而奶牛则可以消化和吸收植物茎秆中的纤维素。说句公道话，追根溯源，消化纤维素的神奇能力并不是奶牛自己的本事，而是由于它们体内的微生物：牛的 4 个胃里的细菌能够将巨大的纤维素分子分解成易于消化的葡萄糖。

这似乎暗示我们，进化的真正好手其实是我们星球上最小的生物：细菌。

细菌拥有强大的繁殖能力，它们的生殖周期只有数分钟，因而基因库的更新速度远快于我们。但是细菌具有的进化优势远远不止于此。为了让你能够理解人类和它们的巨大差距，我们可以想象有一个身高只有 1.5 米的小伙子，他一直希望能够加入高中的篮球校队。努力的锻炼和勤奋的练习对他的帮助杯水车薪。他的最大问题是没有合适的基因，而他最好的朋友只要踮起脚就几乎能够碰到篮筐。

而对于细菌来说，如果一个细菌想要与另一个细菌比肩，它们的出身可不是决定性因素。如果我们在这里讲的是一个科幻故事，这对好朋友拥有了和细菌一样的进化能力，那么你接下来将看到的一幕是：当这两个小伙子在他们喜爱的一家饭店吃饭时，一根细长的空心管子从高个子的体内伸出，摸索着伸向矮个子小伙儿。一旦两人被连接在一起，这跟管子随即把高个子的一小块 DNA 片段注入到矮个子体内。如果注入的片段中正巧包含了与身高有关的基因，那么学校的篮球队就有了一个新的大前锋。

这是一个基因水平转移的例子。可惜的是，落后的人类并不具备这种能力，而对微生物来说，这种现象简直是家常便饭。某些情况下，当两个细菌相遇，其中一个会向另一个细菌的方向伸出一根空心管道。当管道接触到另一个细菌时，一方面，它会通过收缩将两个细菌拉到一起；另一方面，细菌可以通过连接管道向临近的另一个细菌输送自己的 DNA。

通过阴茎样的管道向另一个个体传输遗传物质的方式，很容易让人联想到有性生殖。但是细菌的"有性生殖"和人类有着天差地别。它们的交合与人类的不同，不以生殖为目的。基因交换中也不涉及整个基因组的重新洗牌，通常只是交换某几个基因。

细菌还能通过许多其他方式获得新基因。有些细菌可以在别的细胞死亡、破裂或吐纳出内部成分之后吸收外源性的 DNA。与其说是阅读，不如说细菌不过是一个在字面意思上"啃书"的傻帽儿，它们除了一把把的纤维素之外什么都得不到，细菌所吞噬的外源性 DNA 大部分成了食物。只在极偶然的情况下，摄入的外源性 DNA 会结合到宿主的基因组里并表达出新的蛋白质。

病毒可以用自己的 DNA 制服比自己大数倍的细胞，插入宿主基因组的病毒 DNA 重新编程后把活生生的细胞变成了绝望的血汗工厂，成批生产毫无生气的病毒颗粒。在这个过程里，细菌的某些 DNA 片段会与病毒的基因组融合，使之成为基因转移的载体。这些携带细菌基因片段的新生代病毒离开菌体细胞，将会继续感染下一个倒霉的受害者，通过注入经过融合的遗传物质，将基因从一个细菌传递到另一个细菌。如果人类具有类似的能力，那我们那个高个子篮球选手只需要对着其他人打几个喷嚏，就能把身高的天赋整合到队友的基因组里。

如果所有的基因水平转移都不需要筛选，那么细菌的基因组势必不断扩大直到变得过于臃肿庞杂。过度冗长的 DNA 链脆弱易断，复制过程会白白浪费许多能量和原料。对大自然来说，浪费是不能容忍的罪过。幸运的是，由于基因融合和删除之间的平衡，过度冗长的基因组不会出现。基因删除是基因错误的副产物，是指细胞在修复和复制 DNA 的过程中切除错误基因。与每次只涉及一个碱基对的基因突变不同，基因删除往往涉及数千个碱基对和众多基因。只要基因删除没有累及必需基因，细胞就能够继续存活。非致死的基因删除时刻都在发生，它保证了只有有用的基因能够长久留存于基因组内，以及精简的基因组容量。

基因转移与有性生殖的另一个不同点在于，它不仅发生在亲缘关系相近的物种之间，还能够发生在面包酵母与果蝇和微生物与植物之间。尤其在微生物的世界里，哪怕两种微生物的种间差异大如人类和橡树，它们依旧能发生基因转移。这正是基因转移的强大之处，也是它能成就细菌在代谢进化中的霸主地位的最重要原因。物种之间的差异有多大，它们的代谢方式的差异就有多大。

基因转移通过从一个物种中获得的基因修饰另一个物种，让原本风马牛不相及的优良微生物基因能够融合，正如擅长巴洛克风格和流行唱法的不同微生物终能演绎出一曲风格混搭的乐章。由于不能挑剔或者选择所获得的新基因，而基因的融合随机发生在不同的基因组之间，所以只有部分基因修饰可以改进生物的性状。不过基因转移发生的频率远远超过我们的想象，所以生物进化出新性状的概率其实并不低。即便多数进化的结果乏善可陈，但是宇宙图书馆的书架上摆放了无数本书，在繁多的文字垃圾里依旧有数不清的杰作等待被发掘。

大自然的谱曲能力在人类的朋友大肠杆菌中体现得淋漓尽致，许久以前，科学家曾一度认为大肠杆菌的不同菌株是紧密联系的不同亚种。21 世纪初，生物学家首次破解了多种大肠杆菌不同菌株的基因组密码，原本的期望是这些遗传密码高度相似，然而事实却并非如此。有两种大肠杆菌菌株的基因组差异超过了 100 万个碱基对，相当于它们全部 DNA 碱基对数量的 1/4，意味着每个菌株与另一个菌株有超过 1 000 个不同的基因。

每过 100 万年——相当于人类在进化树上与黑猩猩分离至今的 1/5，大肠杆菌的基因组就能获得大约 60 多个新基因，所有的新基因都来自水平转移。它们是基因融合中的成功者，还有很多失败的基因融合没能让细菌留下后代。

如今我们已经掌握了超过 1 000 种细菌的 DNA 序列信息，它们证实大肠杆菌菌株间的差异并不是特例，而是普遍规律。细菌基因组的大部分基因都是从别处交换得来的。你可能不会觉得奇怪，不过许多这些基因的起源的确难以追溯。要寻找某个特定基因来源的难度，无异于在国会图书馆中随手拿起一本小说并挑选其中的一小段，然后考证这一段内容在文学史上的影响。1 000 多个菌种，甚至 1 000 种菌种的 100 倍，也只是由无数种细菌构成的多样性海洋中的区区一滴水而已。更多的细菌甚至还没有被我们发现，而每一种细菌都可能是其他细菌基因的贡献者。

由于细菌基因组中只有大约 1/3 的基因与代谢有关，所以基因组改变和代谢改变并不总是一一对应的。基因组编码的蛋白质还有许多其他作用，如帮助细菌移动、转运合成所需的物质等。那么如果基因转移主要涉及这些与代谢无关的基因会如何呢？生物进化在代谢图书馆里的步伐将难以深入，进而导致多数生物的代谢反应高度相似。

实际情况是怎样的呢？几年前，在面对数百种 DNA 序列已经被阐明的细菌时，我就这样问过自己。这些遗传信息是前人在过去几十年里的研究所得，这项研究发现了数千种独特的酶以及编码它们的基因，让我们能够通过基因辨认相应的酶，并通过酶预测生物具有的生化反应。换句话说，我们可以通过基因组序列预测某种生物的代谢基因型，并对不同生物的代谢基因型进行比较，而这正是我所做的工作。

图 3-2 以简化的片段对两种生物中的 10 种酶的代谢基因型作了比较，展示了用这种方式比较代谢基因型的简便性。10 种酶中有 4 种是两种生物都无

法合成的，在图中以灰色的 0 表示，第一种生物编码了其中 6 种，如你所见，它的基因型数列中有 6 个 1，而第二种生物可以编码其中的 5 种。

基因型1 0 1 1 0 1 1 1 1 0 0

基因型2 0 1 0 0 1 1 1 1 0 0

距离：$D=1/6$

图 3-2　基因型差异

我们记录了至少被两种生物中的一种所合成的酶的数量（在这里是 6），以及只被其中一种生物合成的酶的数量（在这里为 1），然后再计算两者的比值（也就是 1/6）。如果两者的比值为 0，意味着两种生物编码的酶完全相同。如果该比值为 1/2，那就意味着其中一种生物合成的酶中有一半能够被另一种生物合成[①]。而如果这个比值为 1，那么两种生物中的任何一种能够合成的酶都不会出现在第二种生物体内，两者的代谢差异为可能达到的最大值。这个取值范围为 0 ~ 1 的比值，反映了两种不同的生物在酶学上的差异程度，鉴于这样的描述不太简便，我们姑且以字母 D 代表这种差异或差距。

如果让你用纸和笔比较数百种细菌的基因型，其中每个基因型都以数千种反应对应的数列编码，其枯燥程度不言而喻，好在忠实可靠的计算机能够在眨眼间完成这些工作。虽然我早就知道细菌的基因组间存在高度差异，但当我要求计算机计算数百对细菌的 D 值时，我还是被近亲菌株之间的代谢遗传差异震惊了。13 种大肠杆菌的不同菌株之间有超过 20% 的酶互不相同，任意一对微生物之间的平均酶差异达到 50%。我还曾经怀疑过是否生活环境

---

① 其实这里作者的描述并不准确，1/2 并不能代表一种生物中一半的酶可以被另一种生物合成。——译者注

相近的细菌，比如都栖息于土壤或都栖息于海洋，会由于营养条件相近而拥有类似的代谢体系。我又想错了。相似的栖息地并没有能够缩小细菌之间的 D 值差距。

这项工作的结果凸显了自然界在基因重新组合上的惊人尺度。**在地球上的每个角落，剧烈的基因拆分和重组都在不断发生**。只要是有微生物存在的地方，无论是在海洋深处还是荒凉的山巅，无论是在滚烫的热泉还是寒冷的冰川，无论是在肥沃的平原还是干燥的沙漠，甚至是在我们的体内或体表，生命都在尝试每一种可能的基因新组合，重新解读、重新编译，而后重新布局代谢遗传，片刻也不停歇，造就并不断提升着代谢的多样性。

如果没有读者，一本书就不过是一堆沾染墨水污迹的纤维纸片而已。同样的道理，代谢图书馆里的基因馆藏需要被阅读才能体现它们本身的价值，即每本书所对应的代谢模式应可以代表某种生物可以利用哪些营养物质，又能够合成哪些分子。我们回忆一下某些实实在在、可以被看见的生物表现型，许多代谢表现型如每天的阳光一样朴实可见。比如黑色素，存在于我们体内，可以保护我们的皮肤免受太阳辐射的伤害；存在于在狮子的毛发中，可以帮助这些大猫在狩猎的时候模拟周围的环境；同时它也是章鱼喷出的墨水之所以是黑色的原因。与黑色素类似的分子都是代谢的产物。

其他的色素分子也给树叶、龙虾、花朵以及变色龙染上了相应的颜色，帮助它们防御、求偶，有时甚至根本没有其他的用处。不过代谢表现型并不局限在肤浅的视觉水平，它还存在于我们的眼睛看不见的生化层面，继而不断影响着自然选择。代谢表现型最重要的作用在于保证生物的存活率，归根结底，是与那 60 多种比色素分子重要得多的基本物质合成有关的能力。存活率，是一种对基因表现型的优劣进行衡量的方式，相当于对一个复杂的故事进行主旨概括，或是一场庭审中的最终判决：如果无法合成所有的基本生命物质，那么就判死刑，并立即执行。任何发生突变致使基本生命物质合成受阻的生物，不是无法存活到可以繁殖的年纪，而是根本无法存活。

为了理解决定生死的表现型，我们必须读懂生物的代谢基因型。这并不容易，不仅是因为基因文本的功能含义要比文本本身复杂得多，我们必须从生物整体上进行把握，考虑不同基因之间的协同效应，还因为我们的大脑并不擅长解读化学语言。幸运的是，我们可以利用计算机与编程演算，协助我们完成这项工作。

基因型可以告诉我们代谢中涉及哪些催化反应，反应中需要消耗哪些原料分子，又能够合成哪些产物。在解读基因型之前，我们必须首先确定营养物质的来源，俗话说得好，"巧妇难为无米之炊"。然后我们需要检验某种生物的代谢能否利用这种营养物质合成生物必需物质，譬如色氨酸。这对于能够在极端环境中生生不息的生存大师们来说并不难，比如大肠杆菌。这些极端的环境中营养物质稀缺，有时候只有一种糖类可供生物作为能源和碳源。

我们会从环境中存在的营养物质入手，罗列一张清单，枚举所有营养物质通过代谢反应能够获得的产物，然后在生物的基因组内寻找消耗这些产物的代谢反应，并列出这些反应的产物。我们需要重复这几步，直到找到一个或多个反应的产物中包含色氨酸。如果最后没能找到这样的反应，那么这种生物的代谢反应就无法合成色氨酸。

接下来，我们可以把注意力转移到另一种生物基本物质上，可能是另一种氨基酸或是 DNA 的 4 种基本单位之一，重复上述整个步骤，以检验每一种构建生物的基本物质是否包含在该物种的代谢反应中。只有能够合成所有生物基本物质的物种才有可能存活。

所有这些工作都是在计算机上完成的，如果使用恰当，计算机运算的速度更快、成本更低，甚至比传统的实验结果更可靠。但正如纸上谈兵并不等于可以攻城略地，对生物学家来说，任何没有经过实验验证的计算结果都需要谨慎对待。正如工厂会对出产的产品进行随机抽查，我们也需要抽选一种已知基因型的生物，将其培养在成分已知的环境中，然后静观其变。其实也可以说是冷眼旁观，任它们自生自灭。这种工作早就已经有人做过了，他们实验的对象包括了数百种大肠杆菌的变种菌株，这些变种大肠杆菌都通过基因工程敲除了某一种酶。实验结果与计算机演算结果高度吻合：超过 90% 的菌株实验与演算结果相符。

大多数知道这项演算实验的生物学家都把它当作理所当然，并不觉得这项工作有多稀奇。但事实上，这远不止是稀奇而已，能够通过计算机预测生物生存能力的技术具有深远的开拓性意义，它是数百年的传统生物学研究与现代计算机科学结合的产物。达尔文以及在他之后的几代生物学家大概做梦也想不到，有朝一日世界上会出现这样的技术，而计算机技术对于我们理解代谢进化，理解大自然如何创造出了新的代谢模式至关重要。

对于任何已经了解其代谢功能的生物而言，在任何成分已知的环境中，无论是极地土壤、热带雨林、海底深渊，抑或是山地草甸，我们都可以用这种算法进行模拟。这种算法同样适用于评估代谢表现型的任何层面，比如预测代谢反应中能够合成的所有分子。不过，在能够进行演算的所有方面中，合成生物基本物质的新手段与利用能源物质的广泛适应性是最重要的层面，而生物存活率则是这一切的根本意义所在。**新的代谢能力是不断驱动生命拓展最前沿阵地的引擎。**

利用新物质作为燃料的能力之所以如此重要，其原因非常简单：无论一种代谢方式在今天看来有多成功，由于世界的瞬息万变，它几乎注定会在未来的某一天掉下神坛，正如将随着不可再生的化石燃料日渐枯竭而凋零的全球经济。环境中的化学成分也是一样，营养物质总是旧去新来，从来不会一成不变。依赖某几种特定营养物质的生物容易走入进化上的死胡同。生命如果想繁衍下去，就必须寻求新的代谢方式。万幸的是，许多不同种类的分子都可以为生命体提供能量和必需的化学元素，有我们熟悉的葡萄糖和蔗糖分子，也有一些可能相对陌生，比如剧毒的五氯苯酚。

只需要较少的几种原料分子，就可以组合出数量惊人的代谢类型。它们的可能数量相当巨大，不过并不是所有这些代谢表现型都能保证生物的存活。如果想对这个计算题有个大致的印象，我们来看图 3-3 中列出的 100 种潜在的燃料物质。然后，我们来统计一下某种你感兴趣的动物、植物或细菌是否能够利用某种特定的物质，比如葡萄糖。如果这种生物可以利用葡萄糖合成所有其他所需的基本物质，就把葡萄糖标记为"1"，否则标记为"0"。接着，我们对下一种物质重复同样的步骤，直到所有物质旁边都有相应的"0"或

"1"标记。这个清单中的每一个"1"都意味着你考量的生物能够只利用对应的物质合成所有必需的基本物质。

完成编码后得到的"0""1"数列描述了给定的新陈代谢利用不同燃料分子维系生命的能力。这是表达一种生物代谢表现型的精简方式。像大肠杆菌这样的代谢通常能够依靠数十种不同的碳源生存下去，因此它们的表现型数列中有很多"1"。与之相对，某些精专的生存大师只能利用为数不多的碳源，所以它们的表现型数列里多数都是"0"。

燃料物质	表现型
葡萄糖	1
乙醇	0
·	·
·	·
·	·
蔗糖	0
果糖	1
·	·
·	·
柠檬酸盐	1
醋酸	1

图 3-3　代谢表现型

在计算 100 种能源物质能够组合出多少种代谢表现型前，我们只需要牢记，对于每一种物质而言，生物体只有能够或不能够依靠这种物质生存两种结果，除此之外没有第三种可能，因此所有的可能代谢表现型是 100 个 2 相乘，也就是 2^{100}。这个数量超过了 10^{30}，也就是 1 后面跟着 30 个零，虽然和现实中实际存在的可能表现型数量相比还有差距，但已经是一个天文数字了，因为这数字已经比银河系中的恒星数量要多了，如果我们非要拿来比较的话，

后者仅为 10^{11}，也就是"区区"1 000 亿。

现在你可能意识到了：我在上一章就提到过，现代综合进化论的缺陷是它过于忽视生物高度复杂的表现型。现在看来这可不是我在开玩笑。

表现型的巨大数量同时也意味着代谢进化的巨大潜力。图 3-4 中给出了一个例子。图中左侧展示了某种代谢表现型能够利用的碳源，但是这种代谢方式无法利用乙醇，因此在乙醇旁标记为"0"。无论是不是通过基因转移获得的，一个新的基因可以通过改变基因型进而让表现型具有代谢乙醇的能力。如果该变异使代谢乙醇成为可能，我们就把"0"改为"1"。由于每一种新出现的代谢表现型都可以用这种标记方式表示：通过把代谢表现型中的某个"0"改成"1"，所以理论上来说，代谢表现型的数量越多，生物的进化潜力就越大。

葡萄糖	1	1
乙醇	0	1
·	·	·
·	·	·
·	·	·
蔗糖	0	0
果糖	1	1
·	·	·
·	·	·
·	·	·
柠檬酸盐	1	1
醋酸	1	1

图 3-4　代谢进化

由于代谢类型的数量巨大，远远超过宇宙中的氢原子数，所以要腾出一

块地方，专门建一栋收纳所有表现型文本的图书馆显得异常艰巨。此外，如果要在这个图书馆里迅速检索到某册馆藏，那么馆内的收藏必须高度有序。我的办公室里有个小图书室，我在那儿只要几秒钟就可以找到以前买的那本《物种起源》，作者正是达尔文。不过，如果要在一个常规大小的大学图书馆里边晃悠边找某本特定的书可就没那么简单了。而如果《物种起源》被人放错了书架，那么可能就永远消失在这个图书馆里了。同样的错误在一所超宇宙数量级的图书馆里导致的后果只会更糟糕。宇宙图书馆里很可能藏着解开长生不老之谜的秘籍，就算没有，也肯定有配方教你如何煮出完美的火鸡填料。但由于图书馆实在是太大了，如果我们不知道这些书摆在哪里，那么我们可能永远也找不到。

一种相当简便的图书馆归档方式是把书按照内容的相关程度摆放。人类的图书管理员在归类不同印刷版次的同一本书时就会用这种方式。如果代谢图书馆在归类书籍的时候也遵循相同的原则，那么越相似的文本之间应该距离越近。但在讨论归档之前我们首先要解决一个问题：采购或者制作这个图书馆需要的书架将是一件痛苦的活计。

在现实的图书馆里，每本书都与另外两本书相邻，左右各一本，即使算上书架上下的书，那么一本书最多也只与四本书相邻。但代谢图书馆里的每本书会与多少本其他的书相邻呢？这里我们可以回忆一下代谢图书馆里那些每本由 5 000 个字母组成的馆藏。每本相邻的书都只相差一个字母，相邻的代谢基因型之间只差一个生化反应。（两个代谢基因型之间的差异无法比一个更小，而当两者差距进一步拉大时，它们就不会被相邻摆放了。）

我们假设，在与代谢图书馆中任何一本书相邻的其他书中，第一本与原书的第一个字母与原书不同，第二本则是第二个字母不同，每一本相邻的书都依次与原书对应的字母不同，直到最后一个字母。换句话说，代谢图书馆里的每本馆藏不是与两本，也不是与四本，而是与上千本书相邻，具体的数目取决于生化反应数量的多少，相邻的馆藏之间只相差一个字母，也就是一个生化反应。能够满足如此陈列要求的书架可不是那么容易找到的。

为了帮助你理解这种情况有多复杂，我们先从更简单的情况开始讨论，最简单的化学世界莫过于只有一种化学反应。在那个世界的代谢图书馆里只有两本馆藏。一本的内容是"1"，由唯一的一种化学反应构成；而另一本是"0"，代表该种代谢类型不具有该反应。图 3-5 中 a 图的两个端点和连接两者的直线就代表这种情况。

比直线稍微丰满一点的世界由两个化学反应构成，相应的代谢图书馆规模将扩建到 4（2^2）种可能的馆藏。其中之一同时拥有两种反应（11），有两种代谢型拥有两个反应的其中一个（10，01），第四种代谢型则同时缺乏两种反应（00）。如图 3-5 的 b 图所示，这种情况下，每个代谢基因型就如同一个正方形的四个顶点。

可能你已经明白我接下来要说的事了。下一个级别的世界里包含了三种化学反应以及 8（2^3）种可能的代谢类型，我们用一个立方体的顶点表示这 8 种代谢。而在一个包含 4 种化学反应的世界里，我们能够得到 16（2^4）种可能的代谢型，但是哪种几何图形能够与之对应呢？随着例子中化学反应的数量从一到二再到三，对应的代谢型分别占据了一条直线、一个正方形和一个立方体的顶点，不同的几何图形又分别对应一维、二维和三维空间。尽管四维或者更高维度的空间很难用视觉图形的方式呈现，但和它们打交道依旧是数学家们的家常便饭，因为他们能够将已有的几何规则演绎到这些多维空间中。

就像四边形和立方体，我们所寻找的几何图形的每条边长都应当相同，不同的边相交需要形成一个恰当的角度。如此我们便能够找到一个四维的超立方体。图 3-5 中的 d 图就以几何技法展示了超几何体在平面上的视觉效果。具有四维空间的超立方体有 16 个顶点，每一个顶点对应一种代谢类型，即从 0000 到 1111，不过我们并没有在图中一一标记出。

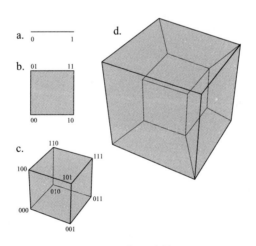

图 3-5　超立方体

这种绘图的方式在面对五维空间时就显得力不从心了，遑论更高维的空间。不过虽然把高维空间的图形视觉化有点不切实际，但是它们依旧遵循与三维空间的图形一样的原则：边等长、恰当的角度以及与每一种代谢型相对

应的顶点。符合这些原则的高维度几何图形，其性质恰好符合代谢图书馆的
需要。

一个正方形有 4 个顶点，在立方体中这个数字会翻倍到 8，而在一个四
维的超立方体中顶点数量会变为 16。空间每增加一个维度，对应几何体的
顶点数量就翻一倍。当我们讨论五千维空间的时候，顶点数量就达到了 $2^{5\,000}$
个，也就是代谢图书馆的规模。换句话说，我们可以把这些馆藏摆放在一个
五千维空间里的超几何体的顶点上。面对五千维空间，身处卑微三维空间的
我们几乎束手无策，这就是为什么代谢图书馆里不能用现成的普通书架。它
需要一个五千维的解决方案才能维持馆内的运营。

除了馆藏的摆放问题，超几何体还可以很好地解决馆藏之间的相邻问题。
在相对简单的三维空间里，每一本图书馆的馆藏，也就是立方体的每个顶点，
都与另外三个顶点相连。我们以其中一个顶点为例，比如图 3-5 c 图中的数
列 100，你可以沿着从该点伸出的边到达与 100 相邻的顶点。与之相邻的顶
点要么比 100 多出第三种反应，对应的代谢编号为 101；要么比 100 多出第
二种反应，对应的代谢编号为 110；或者缺乏第一种反应，对应的代谢编号
为 000。所有相邻的顶点：101、110 以及 000，都与 100 仅相差一位数字。立
方体中任何一个顶点的情况都与例子中的这个顶点一样：它们都与三个其他
顶点相关联。

类似地，五千维的超几何体中，每一种代谢型都和与维度数一样多的其
他顶点相邻，也就是 5 000 个。从每个代谢型所在的顶点出发，你有 5 000 个
方向可以选择，只需要跨出一步，你就可以到达 5 000 个与之关联的顶点中

的一个，而且相邻的代谢型都只相差一种化学反应。要么多一种，这种情况下某一个编号中的 0 就是另一个相邻编号中的 1；要么少一种，也就是某个 1 变成 0。

生物进化的过程就像参观代谢图书馆，基因删除和基因转移就是生命在图书馆里移动的方式，让它们从一本馆藏跳到下一本，而通常就是相邻的那一本。每本书相邻的所有其他书可以被称为一个"社区"（neighborhood），对于生物进化来说，这个社区如同现实生活中真实的城市社区，对人们的生活而言，具有同等的重要性。城市社区的有用之处体现在它的便捷性上：人们需要的东西都在几步之遥，代谢图书馆的"社区"也是一样的道理。进化只需要对基因型进行微不足道的一点修改，就可以搬进自己邻居的家里。不过城市社区里的居民只能沿着东、南、西、北四个基本的方向行走，而进化有 5 000 个不同的方向可去。（这个复杂的场面你最好连想都不要去想。）因此，一种代谢型身处的社区肯定比你所在的小区有趣且丰富得多。我们很快就将看到，代谢图书馆惊人的多样性在进化的创造性中具有的重要性。

随着时间的推移，某种生物基因组中积累的改变越来越多，它也渐行渐远，进而到达图书馆内距离更远的书架。为了估算距离，我们需要寻找一种度量的手段。没有度量的能力，我们就无从得知进化如何周旋于不同的书架之间，图书馆就像一个迷宫，我们将迷失在毫无意义的书堆之间。幸运的是，我在研究中所用的基因型差距值 D 可以胜任度量的工作。D 值能够代表图书馆中两个代谢文本之间的距离大小，事实上，它已经告诉我们某些生物的代谢型相距甚远。除此之外，它为我们提供的另一个洞见才是重点：代谢进化能够在代谢图书馆中穿越惊人的距离，而许多进化的文本不管披着何种外衣，它们诉说的故事寓意都是相似的。

终有一天我们将能够破译数以百万计的代谢文本，但是对于超宇宙数量级的代谢图书馆来说，这也不过是沧海一粟，甚至仅仅是宇宙中的几粒尘埃而已，代谢图书馆里的馆藏远远超过地球上所有曾经存在过的生命的总和。**尽管已经经历了 38 亿年的进化，生命依旧只是徘徊在图书馆的某个角落。**

在生物进化的数十亿年间，大自然完全不需要顾虑会在宇宙图书馆的下一个拐角遇到什么样的新馆藏。但是如果人类希望理解图书馆，而不是在其中漫无目的地游荡，我们就要学会在图书馆里寻找那些有意义的生命文本。不仅如此，我们还要学会对已知的文本进行分类，如同杜威十进制图书分类法 ① 或是美国国会图书馆分类法 ② 那样，先按照不同的主题进行归类，如艺术史、经济学、语言学……然后再以更小的类别细分，比如语言学中还可以分为罗曼语、德语、斯拉夫语等。代谢的表现型，也就是代谢基因文本的具体含义，是代谢图书馆天然具有的分类方式。代谢图书馆里的馆藏比现实图书馆中的书要多得多，不过这仅仅是因为代谢图书馆本身的规模过于庞大。

分类法就如同一张探索代谢图书馆的地图，我们如果想要某种表现型，那么一张基因型 - 表现型地图可以指引我们去哪里寻找它的基因型。如果没有

① 杜威十进制图书分类法，由美国图书馆专家麦尔威·杜威（Melvil Dewey）发明，为多数英语图书馆所沿用。——译者注

② 美国国会图书馆分类法，是指在美国国会图书馆馆长普特南的主持下，根据本馆藏书编制的综合性等级列举式分类法。——译者注

这张地图，我们就无从得知题材类似的馆藏是摆放在一起还是散落于图书馆内各处，虽然在人类的图书馆里它们总是被安排在一起；我们也不知道同一个书架上是否会陈列主题不同的作品，凡此种种。由于没有图书管理员，所以我们需要像古埃及时期游历世界绘制大陆形状的航海家们一样，通过自己在图书馆里游荡和探索亲手绘制这幅地图。代谢图书馆巨大的规模使得我们几乎不可能摸清它的每一本馆藏，不过我们依旧可以描绘大陆、山川、河流、湖泊以及沙漠的轮廓，以期能够从模糊的形状里窥得壮美山河的蛛丝马迹。

但是该从哪里着手，又该沿着哪里探索呢？

首先，我们需要找一片拼图来为我们指路。以任何一种代谢表现型为例，比如依靠葡萄糖存活的代谢性状，假设如果代谢图书馆内超过 $10^{1\,500}$ 个代谢文本中只有一种能够表达这种性状会怎么样？如今地球上的细菌总数大约是 5×10^{30} 个，这个数量十分巨大，1 后面要跟着 30 个 0。我们可以假设自从生命出现起，每一个细菌以一秒一种的速度尝试新的代谢模式，那么在已经过去的将近 40 亿年里，它们总共只尝试了大约 10^{48} 种代谢模式。细菌们随机找到那种仅有的、能够利用葡萄糖进行代谢的概率微乎其微，还不到 $1/10^{1\,450}$。这个概率小得几乎没有任何实际意义。换句话说，这种盲目的搜寻方式最终将无法令细菌获得相应的性状。

一方面，寻找到某种特定性状的概率是渺茫的；另一方面，生命表现的多样性表明，进化寻找新性状的能力无须置疑。这也意味着上述假想的情况是错误的。代谢图书馆中包含葡萄糖的文本肯定不止一本，很可能有许多能够利用葡萄糖的不同代谢模式。

为了找到这些代谢文本，我们来模仿一下进化曾经做过的事：尝试探索图书馆和编辑基因组，也就是对基因组进行一系列删除和转移，消除或增加某些基因、酶及生化反应。从哪里开始入手其实并不重要，我们可以选择代谢图书馆里任何一个馆藏，选择任何一本包含葡萄糖或者其他能源物质代谢的文本。

现在我们从一个包含葡萄糖代谢的代谢文本开始，随机删除一个文本中已有的反应，或者向文本中加入一个已知的生化反应。这个经过修改的文本在面对大自然的审阅时，得到的回复往往简单粗暴：生或者死。但是作为科学家，我们不用如此循规蹈矩。我们能够通过算法解读代谢文本的含义，如果结果显示新的文本所代表的代谢类型不能利用葡萄糖维持存活，那么就返回原始文本，重新删除或添加一个生化反应。不要忘记，可选的目标基因有5 000种之多。只要经过修改的代谢依旧能够利用葡萄糖，那么这种修改就可以继续下去，接着添加或删除第二个基因，演算对应的表现型，再评估，如此循环往复。

也就是说，我们从某个起点开始，首先到达与它相邻的文本，再到相邻文本的相邻文本，而后再到相邻文本的相邻文本的相邻文本，直到我们弄清楚在不改变代谢表现型的前提下，即对葡萄糖的利用能力，能够到达的极限距离。由于文本的每一次改变都是随机的，所以在代谢图书馆中的这种移动是一种随机游走（random walk），就像一个走出酒吧的醉汉跌跌撞撞地在路上晃荡，碰巧撞进了自己的家门，只是有一点不同：在代谢图书馆里的每一步都必须踩在主题相同的文本上，也就是沿着相同的表现型前进。

如果只有一种代谢类型里包含葡萄糖代谢，由于它没有所属的"社区"，那么通过随机游走无法到达任何地方，我们只会停在原地止步不前。不过即便与某种表现型对应的文本不止一本，但只要它们散落在图书馆内不同的角落而没有相邻，我们同样无法从其中一本馆藏出发，直接跨越其他代谢抵达同类型文本。哪怕这些零星的文本聚集在一处，随机游走的脚步也不一定会走得更远。作为起点的文本可能还有几个不多的邻居，但是这些邻里未必有着它们自己的邻居。

只有当同一主题的文本具有相当的数量时，我们才能循着它们探索整个图书馆。不过如此一来我们又将面对一个新的问题：计算量。计算一个代谢文本的含义不算什么大事，但是如果要分析随机游走过程中的数千个文本就没那么容易了，更不要说随机游走中前进的每一步都有数千种不同的可能性。普通的家用计算机大概需要数年甚至数十年才能完成类似的计算。利用互联网连接的一个计算机集群能够令我们获得更高的计算速度，但其巨额费用也令人难以承担。

在度过漫长的攻读博士学位的阶段后，我成了一名博士后并最终在美国的一所研究型大学被授予终身教授职位，在这个过程中，资助进化研究的经费日渐枯竭、每况愈下。研究经费的匮乏正好与我远在欧洲的家人的患病撞车，所以那一年，当一份来自瑞士的工作邀请摆在我面前时，我其实早已做好了跨过大西洋、回到故乡的准备。

一直以来我都知道，瑞士是世界科学的引领者之一，瑞士科学研究的产量惊人、水平拔尖。而科研成功的背后离不开其世界一流的公共教育体系，对学术研究的慷慨资助以及宜人的居住环境。我为不得不离开在美国一起研究学术的同事们而觉得遗憾，同时又对能够进入瑞士的科研圈感到诚惶诚恐。而最重要的是，这份工作不仅能够从资金上支持一个计算机集群，同时也足以维持运营一个现代化的实验室。更妙的是，我能够在世界范围内招募不少和我有类似想法的研究同行。这份工作让我不敢再有别的奢求。

2006 年一个天高气爽的秋日，我坐在自己的办公室里，它位于苏黎世大学一栋外形简朴优雅的建筑内，外墙的玻璃和金属在阳光下反射着微光，勾勒出大楼的轮廓。那天，一个年轻的葡萄牙人走了进来，他长相英俊、说话轻声细语，深褐色的眼睛里闪着好奇的光芒，他礼貌地笑了笑之后，告诉我说他叫若昂·罗德里格斯（Joao Rodrigues）。

若昂一直在研究物理学，同时也发现生物学中有许多亟待解决的问题。他在寻找一个新的挑战，希望能够通过打破两个学科之间的壁垒获得自己的博士学位。若昂对生物学的了解有限，但他具备很多生物学家没有的本事：他十分擅长数学和计算机编程，也亲自操刀过许多大型和复杂的演算项目。在浏览他简历的时候，我简直抑制不住内心的狂喜。若昂拥有的能力恰好是探索代谢图书馆所必需的。在对他的面试中，我情不自禁，与他分享了我对自然进化的见解。幸运的是，我们一拍即合。我看到他的眼神里闪着光。最终，若昂欣然接受了这份工作。

在我的实验室里，若昂的学术背景不仅不算特殊，反而是个中典型。这里的研究人员来自十多个不同的国家，有美国以及欧洲、亚洲和澳洲的国家，他们的研究领域各异，包括生物学、化学、物理学和数学。这一切都是刻意而为，因为我们所面对的难题需要不同领域协同合作，因此我喜欢把我们的工作比作进化本身：研究也需要与时俱进，将各种传统研究方式进行重新组合——不是酶的组合，而是学术技能，这将大有助益。

我们搭建的由 100 台电脑组成的计算机集群依旧不能使我放心，我担心其计算速度依然不足以让我们离开代谢图书馆里的第一个书架，不过若昂的计算机技能像魔法一样让我印象深刻。他巧妙地提高了计算机的工作效率，使得它们的计算能力提高了数倍，最终把我们远远地送到了图书馆深处。

若昂的演算始于一种广为所知的代谢：大肠杆菌代谢葡萄糖，它能够以这种单糖为原料合成所有必需的 60 种基本物质。为了验证大肠杆菌的代谢方式是否独一无二，若昂首先设计了 1 000 多种大肠杆菌的“邻里代谢”，它们中的每一种都与大肠杆菌的代谢相差仅一个生化反应。如果大肠杆菌的代谢是一本利用葡萄糖合成所有必需物质的说明书，那么这些设计出来的代谢就是这本说明书最接近的山寨版本。首要的问题在于：这些人造的代谢模式是否具备所有利用葡萄糖合成必需物质的信息？

经过演算若昂很快发现，不是一个、两个或者三个，而是数百个大肠杆菌的“邻里代谢”能够依靠葡萄糖维系生命。这个发现说明了一个简单而重要的结论：认为大肠杆菌代谢葡萄糖这个性状独一无二是一种错误的偏见，基因型所在的社区里包含众多类似的基因型。但是更让我们吃惊的发现还在后面。

若昂利用大肠杆菌作为起点深入代谢图书馆的探险，把他引向了距离这个起点越来越远的地方。演算的目的是为了测试我们能够以这种方式深入到图书馆的何处：我们希望从一种能够支持生命存活的代谢到达与它相邻的代谢，再从相邻的代谢到与之相邻的代谢，依此类推，同时保持生物利用葡萄糖的能力。在保证主题不变的基础上，代谢基因型能够被编辑的最大限度是多少呢？当若昂给我展示计算结果时，我的第一反应是不相信。他找到的距离最远的代谢，也就是 D 值最高的代谢，与我们开始时的大肠杆菌代谢仅有 20% 的相似性。从算法的角度来看，我们几乎已经穿过了整个图书馆，那可是相距最远的馆藏之间 80% 的距离。在这个距离上，只要再深入一步，我们就找不到包含葡萄糖代谢的文本了。

因为担心单一的实验可能不具有代表性，我要求若昂再多执行一些随机游走的计算，一共 1 000 个。对每一个基因型的运算都以保证相同的代谢为前提，演算可能到达的最远距离（D 值），对相邻基因型进行尽可能多的尝试。这不是不可能的，因为这座图书馆里最不缺的就是岔路。当结果返还到我手中后，我又一次被震惊了。所有的随机游走都到达了和第一个结果几乎一样远的位置。每一个结果与原始大肠杆菌的代谢模式的差距都几乎达到了 80%。

我们实验室的研究员找到了 1 000 多种与大肠杆菌代谢基因相差巨大的代谢模式，它们唯一的共同点只有能够利用葡萄糖作为单一碳源和能源进行合成代谢这一点。如果我们继续下去，肯定还能找到更多类似的代谢型，多到我们数不过来。不过我们后来终于学会了如何估计某些代谢型在图书馆内的数量，比如包含 2 000 个代谢反应、能够利用葡萄糖的代谢文本大约有

10^{750} 种。

不要说图书馆，哪怕是仅仅包含葡萄糖代谢的文本就已经是一个超宇宙常数了。代谢图书馆里堆到天花板的那些书，其实不过是在用不同的方式诉说着同一个故事。

万万没想到的是，我们在探索过程中还发现了这座图书馆的一个更诡秘的特征。那数千个随机游走的算法并没有终结在文本内容相同的书堆中，也就是一小群类似的代谢反应模式里。随机游走沿途经过的所有代谢模式，不论是与原本的大肠杆菌还是其他模式相比，都一样天差地别。每种代谢基因型所编码的代谢模式，包含的生化反应都各不相同。不像现实中的图书馆会设置历史书籍区或科学书籍区，代谢图书馆并没有严格地按代谢的类别划分区域。

最让我们惊讶的是，当我们以任意一种代谢模式作为新起点，以保证生物的存活为前提，以保证某种特定的性状不变为前提进行随机游走时，我们最终总是能找到一些类似的文本，而不论它们离起点有多远。这似乎意味着，图书馆中主题相同的馆藏相互联系，形成了一张网络，我把这张网络称为基因型网络（genotype network）。它看起来可能有点像图 3-6 中那张由直线构成的网络，整个矩形即代表代谢图书馆，而其中的线段将同一个社区的文本（图中的圆圈）连在一起。这张图只能作为视觉上的辅助，以二维代替五千维，以有限的圆圈代表难以计数的文本，不过除此之外，我们暂时还没有更好的办法来演示如此诡异的图书馆。

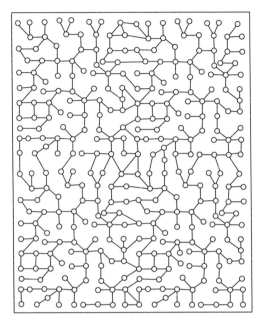

图 3-6　基因型网络示意图

在一座普通的图书馆里，你很有可能在历史图书区找到一本有关查尔斯·达尔文的书，当然你也可以在传记图书区找到类似的书。而如果在一所采用美国国会图书馆分类法的大型学术图书馆里，你应该能够在 QH 区（代表"科学：自然史，生物学"）、DA 区（"世界史，不列颠"）、GN 区（"人类学"）、PR 区（"英国文学"），甚至 BL 区（"宗教，神话，理性主义"）找到类似的书。但是在代谢图书馆的组织原则里，你找不到一丝这样分区的痕迹，你也找不出两本分别在 HM 区（"社会学，概论"）和 BT 区（"教化论"）的书有何关联，除非你沿着"达尔文生平"这个线索，循着一本又一本相邻的书在图书馆内前进。没有这些以不同口吻和角度描写达尔文的馆藏作为线索，你很快就会迷失在浩瀚的书海里，寸步难行。

我们在代谢图书馆里正是这么做的。含义相同的无数文本在图书馆内就像散布在宇宙中的星辰，中间隔着广袤的未知空间。但实际上它们并非处于孤立状态。它们之间以城际高速相连，高速路上灯火通明。

到这里为止，我们仅仅对一个主题的馆藏完成了分类，即以葡萄糖为维生物质的代谢，除此之外还有许多其他的主题。有的代谢类型能够以乙醇、乙酸以及数十种其他物质支持生命。我们以相同的归档方式对它们进行了制图：以某种代谢表现型作为前提进行随机游走的演算，如以能够利用乙醇为例，直到我们无法在保有这种性状的基础上再前进一步。我们针对 80 种不同的物质进行了计算，而每次我们都能看到类似的模式。**建立在同一种物质代谢基础上的基因型的代谢相似度可以仅为 20%，正是它们在代谢图书馆中连成了一张宽广而稀疏的网。**

有了这个普遍规律作为初步结果，我们便斗胆将目标转向了能够同时利用多种物质维生的代谢类型，如能够同时利用乙醇、葡萄糖以及乙酸。（能够利用多种物质的优势显而易见：生物不至于因为其中一种物质耗尽而无法生存。）由于这种代谢方式更复杂，所以会不会只有图书馆内某个角落里为数不多的代谢型能够实现？事实证明我们又想错了。我们研究了能够利用 5 种、10 种、20 种乃至 60 种不同物质的代谢型。每一个随机游走的演算都到达了距离起点相当远的位置。即便是同样能够利用 60 种不同物质的不同代谢模式之间也只有 30% 的生化反应相同。即使如此，这些数量在万亿级别的表现型相同的代谢，依旧组成了一张相互联系的基因型网络。

到了这一步，我几近狂喜。我们偶然发现了代谢图书馆内组织构建的最基本原则。首先，许多代谢型都能够以相同的物质作为能源，这与具体的能源物质种类关系不大。生物通过对不同化学反应进行千奇百怪的组合，合成了必需物质。其次，相同的能源并不意味着相同的代谢，这些代谢型往往只有一小部分生化反应存在交集。最后，我们演算得到的代谢型都在一张巨大的网络中相互联系，这张网络就是基因型网络。每一类代谢都有各自的基因型网络，所有的网络在代谢图书馆里互相纵横交织，仿佛一块致密的绸缎。

我们以有限的预算完成了这项工作，我们的计算机集群在面对代谢图书馆里的馆藏数量时依旧显得力不从心。不过我们依旧为这个大得超出想象的图书馆绘制了一张粗糙的地图，仿佛乘坐浴缸进行了一次环球旅行。

同一表现型的不同代谢文本提高了我们找到该性状的概率，而且是成倍提高。此外，进化可不仅仅是一名在图书馆里闲逛的读者。相反，它会招募大量生物进入这座图书馆里寻找新的文本，每发生一次基因转移，生物在代谢图书馆中就深入一步。有着数十亿读者在朝着图书馆内不同的方向展开探索。

与我们在现实生活中逛图书馆相比，进化探索自然图书馆的方式还有一个不同之处。为了便于理解，我们可以假设有一个生物个体遭遇了一场变故，很可能是一个基因的删除，因此从安全前行的道路上偏离，与原本维持它生存的代谢文本失之交臂。发生在它身上的基因删除可能会摧毁某个关键分子的合成能力，而这个个体毫无生还的可能，自然选择将慷慨地赐予它死亡。

这就是代谢图书馆，在那里，有些读者会在延绵数代的探索中消亡，而有的则得以生还。

从局外人的角度来看，图书馆中的探索者们，无论是细菌还是蓝鲸，并没有比尘埃泥土特别到哪里去。在自然图书馆面前，生命卑微得像无根的野草，在世间到处漂泊流浪。无数生命用自己的身躯试验着不同的化学反应组合，不断地试验，不断地重复。有些一命呜呼，有些则侥幸生还，继而把自己的经验传递给下一代。生命犹如风中翻腾的黄沙，生命进化的过程并不比无处安身的风尘高贵多少。

基因型网络就是那股风，没有它，生命的黄沙就失去了前行的动力。 如果代谢某种物质的解决方案是唯一的，那么所有探索图书馆的读者就不得不挤在某本书周围。任何企图到附近书架开小差的个体都会被淘汰。而如果内容类似的文本稍微多一些，读者们也只能围在图书馆的某一小块区域内。多亏基因型网络的存在，生命才能在保证原有性状的同时，深入探索图书馆的各个角落。

生物进化的关键因素有两个，基因型网络只是其中之一。我们现在来看看第二个因素：代谢图书馆中社区内性状的高度多样性。

想象一下，一小块泥土中有着数十亿个细菌，只要偶尔给它们一点接济，比如一片掉落的叶子，一具腐烂的尸骸，或者一个从树上掉下的熟透的苹果，百无禁忌，它们就能生生不息。这些食物中营养物质丰沛，不过前提必须是细菌有能耐消化和吸收它们。换句话说，也就是细菌有适当的酶，可以利用外来的物质合成自己需要的生物成分。当可用的食物全部耗尽，只要有一个细菌拥有利用不同物质的能力，它就很可能会成为其他嗷嗷待哺的细菌的救世主。此时，新的性状就是微生物们延续生命的关键。

如果我们考量 100 种利用不同物质的代谢，它们之间的相互组合方式也将轻松超过 10^{30} 种，而上述那位救世主的代谢模式只是这么多组合里的其中一种而已。要把这 10^{30} 种代谢放在图书馆里的一个社区内自然是不现实的。每个社区大约只够容纳 100 多个不同的文本，这仅仅相当于所有代谢表现型的 $1/10^{26}$。这就好比你随手从纽约公共图书馆里借走几本书用来填补你空空如也的床头柜，然后希望这其中包含了达尔文的《物种起源》。换句话说，你在白日做梦。但是，如果是一群读者循着某种指引分散深入到图书馆内，那么这个概率就大不相同了。由于基因型网络巨大无比，所以这群读者能够由此接触到数千个社区，这将大大提高找到目标文本的可能性。

为了验证这种组织形式是否真的存在，我们挑选了成对的代谢文本，每对文本的表现型都相同（比如利用葡萄糖的能力），除此之外，两个文本没有其他共同点。我们把两个代谢文本编码为 A 和 B，它们位于自然图书馆内两个不同的位置，即它们包含的生化反应几乎各不相同，但它们又都是同一个基因型网络内的成员。接下来我们来检查它们所在社区里的 5 000 多个其他文本，其中的某些文本也同样具有利用葡萄糖的能力，也就是和我们挑选的文本属于同一张基因型网络，但也有一些失去了某些关键的生化反应，最终导致生物死亡。还有一些相邻文本——它们一直是我们关注的焦点，赋予了生物利用新物质的能力，比如利用乙醇或果糖。

对于这些基因型网络我们想问的是：A 文本所在社区中的文本，即那些与 A 文本只相差一个生化反应的代谢模式，是否与 B 文本所在社区内的文本不同？如果 A 文本的相邻文本中包含能够利用乙醇和果糖的代谢方式，那么 B 文本所在的社区里会不会也有能够利用其他物质的代谢，比如，利用醋酸和蔗糖？

在分析了数千对代谢文本以及它们的表现型之后，我们发现之前的预设是正确的。文本所在的社区内往往有着控制新性状的文本，而不同社区内文本的表现型也十分不同。许多代谢性状都是某个社区所特有的，不会出现在其他社区中。（这是因为每种表现型都有自己所在的基因型网络，同时也意味着不同的基因型网络相互交织的方式极其复杂。）

在计算机的帮助下，我们进行了更进一步的探索。我们再一次漫步于代谢图书馆的基因型网络中，只是这次我们担任的是拿着笔记本的仓库管理员的职责，我们想要把所有与沿途文本直接相邻的文本记录下来，而这些新的文本是最触手可及的。在开始前进之前，我们列出了所有起点文本附近的新性状，之后我们跨出第一步，继续检查当前所有的相邻文本。如果新社区内包含原先没有的性状，我们就把它们加到列表里，然后再往前走一步，检查新的社区，加上新的性状，如此反复，直到走出数千步。我们已经知道不同的社区中包含的性状往往不同，所以我们猜测，随着愈发深入图书馆，列表上记录的新性状会越多，但是我们迟早会记录完所有的性状。

事实证明，我们的想法大错特错。记事本马上就写满了，但新的性状还是源源不断地涌现出来。

为了排除研究的偶然性，我们继而重复了很多次类似的尝试，从不同的起点开始，分析依靠不同物质作为能源的代谢方式。我们还增加了实验的样本，想要计算出它们到底能找到多少新的性状。在每一次演算里，新的性状总是稳步增加，毫无衰减和停歇的迹象。不管我们的演算持续多久，无论是100步，1 000步还是10 000步，也无论是一小时，一天还是一周，直到我们用尽时间，或者有新的工作要做。最终，我们意识到，在有生之年我们恐怕是看不到代谢进化江郎才尽的那一天了。

代谢图书馆里的新性状几乎取之不尽。基因型网络和社区多样性亦然，它们是进化发生的两个关键。基因型网络确保了生物探索自然图书馆的能力，没有基因型网络，生物一不小心就会踏入万劫不复的境地。而如果没有社区，沿着基因型网络进行的探索就失去了意义：网络中的性状都一样，对其中某个性状的探索不会带来任何新的性状。

人类图书管理员在管理现实的图书馆时可没有这样的本事。且不说去哪里找用数千种不同的方式讲述同一个故事的书，即便有，也没有图书管理员会模仿自然图书馆的组织形式，在一个主题区域里摆放内容不同的各种书籍，他们也无法把含义不同的书安排在主题相似的文本附近。

不过只要仔细思考就会发现，代谢图书馆并不是什么疯子脑袋里的奇怪想法。人类的图书馆之所以非常实用，仅仅是因为图书管理员按照我们的需求对书本进行了分类管理，有关太阳能电池的书在这个书架上，而与法国文学有关的书则在那个书架上等。而对于一个读者没有偏好，只能随机游走的图书馆来说，只要走错一步就会灰飞烟灭，那么谁都不敢在这样的图书馆里随便走动，读者只能停留在眼前的书架上。如此一来，它们就成了鼠目寸光的伪学者，除了精通自己所在的书架之外，对其他领域一无所知，也不会学到任何新的东西。这可不是在这个多变的世界上生存下去的好办法。对于这样的读者来说，代谢图书馆简直是专门为它们寻求新性状设计的。

更奇妙的是，其他与生命有关的自然图书馆也遵循相同的组织方式。

ARRIVAL OF THE FITTEST

04

构型之美

Solving Evolution's

Greatest Puzzle

蛋白质是生命的驱动者。每种蛋白质的构型都高度复杂，与它们执行的功能相适应。蛋白质的构型维持着生命世界的运转。大自然可以用蛋白质书写不同的文本，更多的文本就意味着更多的构型，参与更多的催化反应，执行更多的功能和完成更多的任务。

北极鳕鱼体型细长，体表呈褐色，腹部为银白色，鳍则是黑色，长约 18～30 厘米，是一种毫不起眼的海洋生物，但有一点除外：北极鳕鱼生存繁衍的区域位于海平面以下 900 米，纬度和北极相差不超过 6 度，那里的水域常年水温在 0 摄氏度以下。

在这样的温度下，大多数生物体内的液体会变成冰晶，边缘像锻造精良的利剑一样美丽，也像利剑一样致命，因为冰晶切割活体组织就像切黄油一样毫不费力。恒温动物体内具有温度调节系统，因此即使身处零度以下也能生存。但鱼类没有调节体温的能力，即便如此，北极鳕鱼在零度以下依旧能够生存。

北极鳕鱼能够生存的秘诀是体内合成的抗冻蛋白。抗冻蛋白降低了体液的冻结温度，很像汽车引擎冷却剂里的防冻剂。功能繁多的不同蛋白质是自然进化能力的典型例子。只要通过改变氨基酸序列以产生特定的蛋白质，地球海洋中的大片生命不能涉足的区域就可以变成适宜生存的乐园。

抗冻蛋白只是无数种进化奇迹之一，类似的奇迹在鱼类和所有其他生物的细胞中普遍存在。如果你能变小，在细胞里穿梭，你肯定会惊讶于细胞里居然有这么多不同种类的分子，数以百万计。有小些的，如水分子，有的稍大一点，譬如糖或者氨基酸，也有更大的大分子，如蛋白质。所有这些分子推推搡搡，你挤我我挤你，就像高峰时刻挤地铁上下班的乘客。

蛋白质是细胞成分分子中的庞然大物，是生命的驱动者。 我们已经认识过代谢酶了，它们通过对相对较小的分子进行聚合、剪切或仅仅进行原子重排，合成细胞所需的所有物质，包括这些代谢酶自身的氨基酸。不过，并不是所有的蛋白质都是酶。有些蛋白质是细胞内的动力来源，例如驱动蛋白，驱动蛋白沿着细胞间纵横交错的刚性分子"电缆"移动，运输含有各种分子物质的小囊泡。一旦这些在细胞内"跑长途"的运输分子停止工作，混乱和无序就会接踵而至。举个例子，有一种驱动蛋白负责运输构建神经细胞之间连接的物料分子，倘若它的基因发生变异，会导致一种叫 2A 型腓骨肌萎缩症（Type 2A Charcot-Marie-Tooth disease）的绝症，表现为手脚无力并伴有感觉障碍。

还有一些蛋白质附着在 DNA 上，是基因的开关，这些调节性的蛋白质负责把基因编码的信息转化成氨基酸链。上百个类似的调节蛋白往往会同时展开工作，每个调节蛋白总是对某些基因产生作用，而对另一些则没有影响。（调节蛋白本身也是生物进化的动力之一，我们将在第 5 章讨论。）

蛋白质的功能还不止于此，细胞内还有组成细胞骨架的支柱蛋白质、输入养分的蛋白质、将废物排出细胞的蛋白质以及在细胞间传递分子信息的蛋白质等。

每种蛋白质对于生物表现型的塑造都有它独特的功能，而对于蛋白质来说，构型是它们最重要的特征。这里所说的构型不仅指蛋白质中 20 种氨基酸本身的分子形状，以及氨基酸之间相互的连接方式——这些统称为蛋白质的一级结构，还代表线性的氨基酸链经过空间折叠形成的立体结构。蛋白质的空间折叠我们在第 1 章中就已经略有涉及。

亲水性氨基酸倾向于靠近它们周围的水分子，而疏水性氨基酸——就像生物膜成分中的脂质，则倾向于逃避周围的水分子，氨基酸分子对水的不同亲和力使蛋白质的一级结构能够以特定的方式折叠。在热力学震动的驱动下，氨基酸链在折叠过程中会尽可能地尝试所有可能的构型，最后，大多数疏水性氨基酸会聚合在一起，形成紧密的核心。而最外层则被亲水性分子所覆盖，包裹内部的疏水性核心。

另外，有些氨基酸能够互相吸引，有些则会互相排斥，这些化学作用力也影响了蛋白质的折叠方式。蛋白质折叠过程仅由蹦蹦跳跳、行踪不定的分子决定，这再次提醒我们，自组织能力于生命而言有多么重要。我们体内有上万亿个细胞，只要细胞内形成一条新的蛋白链，它都要发生空间折叠。所以在一天中，蛋白质的折叠在每个细胞内都要上演几百万次。

如果从原子层面看，发生空间折叠的蛋白质看起来就像一团没有形状的泡沫，比如第 2 章中提到的能水解双糖的蔗糖酶。我们不妨退一步，把注意力集中在氨基酸链上（见图 4-1），就可以辨认出些许有规律的氨基酸空间排列模式，这种模式在许多蛋白质中都存在，包括了一种螺旋形的结构和一种扁平的片状结构，片状排列也叫 β - 折叠。α - 螺旋和 β - 折叠是蛋白质折叠的主要方式，两者即蛋白质的二级结构。多个 α - 螺旋和 β - 折叠，连同联结两者的非二级结构部分，构成了图 4-1 中所示的蛋白质的复杂三维结构，我们把这种三维结构称为蛋白质的三级结构。

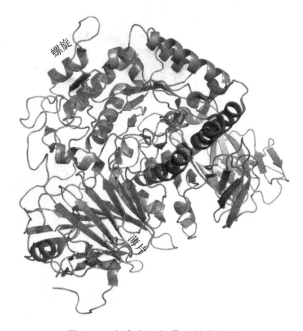

图 4-1　完成空间折叠后的蔗糖酶

虽然图 4-1 中的折叠看起来很像一团乱糟糟的意大利面，不过这种折叠方式实际上是高度有序的：任何一个蔗糖酶中的两条氨基酸链折叠的方式都是自发完成的，且折叠的产物完全一致。构型对于保证蛋白质的功能至关重要：热能导致折叠的蛋白质分子不断振动和振荡，而 α - 螺旋和 β - 折叠则起到引导并限制分子热运动的作用。振动受限让蔗糖酶这样的酶能够催化糖的裂解反应，原理有点像剪刀：如果没有连接刀片的转轴限制它们的运动，剪刀也就无法裁纸。鉴于热运动对酶分子的重要性，所以对每种酶分子的催化作用而言，都存在一个最适的理想温度：热量太低，分子振动微弱，不足以组织分子运动；热量太高，剧烈振动则会使空间折叠分崩离析，导致蛋白质变回线型氨基酸链。更糟的是，未折叠的蛋白质经常聚合成大团大团的惰性物质，就像熟鸡蛋里的蛋白。未折叠的成团蛋白质不仅无用，而且有害。就像如果你的大脑里积累了太多蛋白质块，就会引起严重疾病，例如阿尔茨海默氏症。

蔗糖酶和其他蛋白质在振荡中形成的构型复杂多样，且各自都有着特定的功能。**每种蛋白质的构型都高度复杂，与它们所执行的功能相适应。用达尔文描述生命世界的话来说，这是一个"无尽之形最美"**（endless forms most beautiful）**的世界**。蛋白质的构型维持着生命世界的运转。

蛋白质不仅需要处理眼下的工作和任务。如同人类的经济社会一样，生物也需要面对瞬息万变的挑战。作为应对，进化为生命带来了新的蛋白质构型，而具有新构型的蛋白质则可以承担新的工作。每当生命需要解决新问题时，比如在极度低温的环境中，体内生长的冰晶变成致命的刀片，威胁到自身的生存时，新的招募工作就开始了。

无论是早先的高炉，还是如今的智能手机，人类社会中的发明往往需要经历漫长的独立研发过程，并非一蹴而就。与之类似，自然界塑造生物新性状的过程也往往不是瞬间实现的。抗冻蛋白就是一个例子，不只是北极鳕鱼体内有抗冻蛋白，南极鱼类也有，但是两者的抗冻蛋白分别起源于不同祖先体内的两种蛋白质。抗冻蛋白甚至有过不止一次起源，不仅如此，有些鱼类还进化出了不止一种抗冻蛋白。美洲拟鲽是北大西洋的一种比目鱼，它的体内能够合成两种抗冻蛋白，一种防止血液结冰，另一种防止皮肤结冰。以进化的角度来衡量，有些蛋白质的出现着实非常迅速，只用了不到 300 万年的时间。

某些早期生物对冻伤非常敏感，它们体内的蛋白质与抗冻蛋白的氨基酸序列往往相去甚远，不过蛋白质进化所需的变化通常比我们想象的要少得多。只要改变一个氨基酸，合成组胺酸的酶就会变成功能不同的另一种酶，合成的产物也变成了色氨酸。大肠杆菌的一种酶能催化并从阿拉伯糖 ① 中摄取能量，改变这种酶中的一个特定的氨基酸，它的功能就从转移酶变成了裂解酶。

可见，微小的变化同样能够对生命造成巨大影响，中亚的斑头雁也是一个例证。斑头雁是世界上飞得最高的鸟类之一。它必须飞得足够高，因为它的迁徙路线需要途经珠穆朗玛峰，那里的海拔超过 8 000 米。在这个高度上，周围的空气非常稀薄，鸟儿必须更加拼命地拍打翅膀，而且那里的氧气含量仅为海平面的 1/3。攀登珠穆朗玛峰的登山者在到达这一海拔时往往需要借助氧气罐，而乘坐喷气式飞机的乘客则需要加压舱的保护。大雁无法借助这两者中的任何一项技术，但是没关系，它有更好的办法。斑头雁体内的血红蛋白在氨基酸序列上发生了变异，这种蛋白质负责将氧气从肺输送到肌肉。与我们体内的血红蛋白相比，斑头雁体内的血红蛋白和氧气结合更紧密。斑头雁能从稀薄的空气中摄入氧气分子，在别的鸟类不得不因为过高的海拔着陆时，斑头雁却能继续飞行。

---

① 这个名字源于阿拉伯树胶，后者是合欢树合成的天然树胶。

北极鳕鱼体内的抗冻蛋白和斑头雁体内的氧合血红蛋白，都是弥足珍贵的进化产物。它们拓展了生物的活动范围，而更大的栖息地则意味着更多的食物、更高的生存概率以及更多的后代。还有一些进化的优势成果与这些改良的分子略有差异，比如区别一种食物与另一种食物的能力，比如晚餐选择有营养的而不是有毒植物的能力。这些性状优化的是生物的知觉，而不是它们的机动性。人类眼球后方的视网膜里含有三种视蛋白，这三种视蛋白在感光和适应不同波长的能力上高度特异化。多亏有它们，我们才能看见色彩斑斓的世界。但这一切并不是从生命出现之初就与生俱来的。

我们最古老的脊椎动物先祖可能只拥有一种视蛋白，它们眼里的世界是黑白的。大多数哺乳动物有两种不同的视蛋白：视红蛋白和视蓝蛋白，它们能看到的世界主要基于这两种不同的颜色。但我们和黑猩猩等近亲则能够看到基于三种原色的世界，也许这是因为色觉有助于我们的祖先觅食：在绿叶的衬托下，水果往往更加显眼。当然，不管什么原因，色觉进化所需的变化很少，少到只要改变三个氨基酸就能把视红蛋白变成视绿蛋白。

色觉进化等改变对我们往往是有益的，但也有一些进化对我们是有害的，例如某些细菌进化出的对医生开出的抗生素产生耐药性的能力。尽管我们不断地改进着抗生素，但是耐药性却始终不可避免，这是一场发生在细菌与生物技术专家之间的军备竞赛。这场竞赛让人想起刘易斯·卡罗尔（Lewis Carroll）在《爱丽丝镜中奇遇记》（*Through the Looking-Glass, and What Alice Found There*）中描写的红皇后，她曾对爱丽丝说过这样一句广为人知的话："你瞧，在我们这儿得拼命地跑，才能保持在原地。"细菌在这场竞赛中找到了各种各样的新蛋白，有些蛋白质能够破坏抗生素分子，另一些则被称为"外排泵"，它们能把抗生素强行排出细胞，就像一支细菌救援小队把有毒气体排出被污染的房子。

基因转移加上频繁的人口流动可以在几个月之内把这些优良的性状带到世界的每个角落。还有一些蛋白质尤为阴险，它们负责排出的抗生素不止一种，如此一来，细菌就同时对多种抗生素产生了耐药性。说来奇怪，如果我们自己身体里的细胞失控，疯狂繁殖时也常常利用相似的外排泵对抗它们厌恶的抗癌药物。这不仅仅是癌细胞和细菌在面对危险时的英雄所见略同，同时它也是我们在对抗癌症的战斗中屡战屡败的原因。

生物进化中出现的外排泵并非无中生有，而是对已有运输蛋白进行修饰的产物。运输蛋白对维持细胞的日常运作与生存至关重要，因为它们不停地将成千上万的分子（养分、废物、建筑材料）送往细胞内的不同目的地。那么我们真的应该称之为新蛋白吗？同样的疑问也存在于斑头雁体内的改良血红蛋白和灵长类体内的感光细胞中。大自然不过只是胡乱摆弄了几下原有的血红蛋白，让它和氧气结合得更紧密；或者胡乱修改了一下视蛋白，调整了它的色觉灵敏谱而已，两者都算不上是严格意义上的"新"蛋白。

不过，如果你试想一下这些变化带来的影响：一只可以穿越任何山脉的鸟迎来了几百万平方公里的新栖息地；我们看到的世界是黑白的该有多无趣；耐药或者不耐药对细菌而言意味着生死之别。单就差异巨大的结果而言，这些小小的变化就足以被称为新性状。上述的例子无不说明，只要稍微改变几个原子就可以影响比原子大几百万倍的生物，并永远改变这个生物后代的命运。

我们在第 3 章里看到，通过基因水平转移重组代谢酶，大自然不断更新着生物体内的生化反应。即便如此，代谢酶自身也并不是这样形成的。从上述最后举的几个例子中我们可以看出，大自然会通过改变已有蛋白质的氨基酸序列创造新的蛋白质，我们已知的 5 000 多种酶中的每一种都是按照这种方式被创造出来的。此外，还有不胜枚举的蛋白质在我们体内负责调节基因、输送物质、收缩肌肉、运输氧气、输入养分、排泄废物、在细胞间传递信息以及承担其他无数种任务。蛋白质多样的功能足够我们写上整整一本书。事实上已经有这样的书了，这种专业的书对某些蛋白质的记述非常完备，事无巨细。

但这本书不属此类。

你无法只是通过道听途说就了解有一种蛋白质叫抗冻蛋白，还有一种叫视蛋白，以及理解这些蛋白质起源的真相，就像你没法只靠几个国家的卫星图像就画出一张完整的美国地图。要解释新蛋白质的起源需要我们拿它们与大量原始蛋白质进行比较，成百上千对地进行比较。

如果能解读基因的 DNA 或者基因编码的氨基酸链，也就是蛋白质的基因型，这个任务就会容易一些。对两者进行解读的先驱之一是英国生物化学家弗雷德里克·桑格（Frederick Sanger）。他是极少数得过两次诺贝尔奖的科学家之一，第一次是因为他成功破译了胰岛素的氨基酸序列，而第二次则是表彰他成功完成了对 DNA 的碱基测序。在距离他做出卓越贡献的几十年后，我们才终于掌握了解读代谢基因型的技术，才认识了更多蛋白质的基因型和表现型。这些基因型和表现型来自各种生物，所处环境各异：北极圈荒原、热带丛林、山麓、深海、人体内脏、滚烫的温泉、贫瘠的荒漠、肥沃的平原、肮脏的水沟和清澈的河渠。

这么大一堆关于蛋白质的事实如果不经组织，简直就是一本疯子编纂的字典，里面的几百万个单词杂乱无章，毫无头绪可言。然而一旦经过组织，这些事实就成了图书馆的一部分，这个图书馆和第 3 章中巨大的代谢图书馆类似。这个宇宙图书馆里收录的正是蛋白质的基因型，每个文本都由 20 个字母构成的字母表写就，每个字母对应一个氨基酸。这座图书馆收集了生命已经创造和能够创造的所有蛋白质，有时也被称为蛋白质空间（protein space）或序列空间（sequence space）——因为每个文本都对应一个唯一的氨基酸序列。

通过与前面章节类似的计算方式，我们大概已经可以预见，这个图书馆的规模和代谢图书馆一样惊人。回想一下，20 种可能的氨基酸，两个字母可以构成的文本就有 400（20^2）种。同理，3 个氨基酸构成的可能文本有 8 000（20^3）种，4 个氨基酸对应于 16 万（20^4）种文本，以此类推。像这样的短文本充其量只能叫肽，大多数蛋白质包含的文本要长得多，即多肽，它的可能文本数量随着长度增加呈爆炸式增长，即便是仅由 100 个氨基酸构成的蛋白质，可能的文本数量也已经超过了 10^{130} 种。这个数字大得难以想象，但是蛋白质图书馆内的馆藏数量比这还大，因为像蔗糖酶这样的蛋白质含有 1 000 多个氨基酸，而有些人类蛋白质比蔗糖酶还要再长许多倍。其中有一个庞然大物叫肌联蛋白（titin），含 3 万个氨基酸，是肌肉的弹性成分。由此可见，蛋白质图书馆的规模同样是超宇宙常数级别的。

蛋白质图书馆和代谢图书馆的相似之处不仅在丁规模。和后者一样，蛋白质图书馆也是一个超几何体，相似的文本彼此邻近。每个蛋白质文本位于这个超立方体的一个顶点，就像在代谢图书馆里一样，每个蛋白质都有许多直接相邻的邻居，这些邻居和它只差一个字母，位于超立方体上相邻的顶点。

我们以一个含有 100 个氨基酸的蛋白质分子为例，如果你想改变蛋白质的第一个氨基酸，那么就有 19 个选项，这也就意味着与这个蛋白质只差第一个氨基酸的蛋白质邻居有 19 个。按照同样的思路，这个蛋白质有 19 个与其第 2 个氨基酸不同的邻居，19 个与其第 3 个氨基酸不同的邻居，19 个与第 4 个……19 个与其第 100 个氨基酸不同的邻居。一句话，我们的蛋白质有 1 900 个直接邻居。这样一个社区已经很庞大了，但如果你改变的不是一个氨基酸，而是两个或更多，那么这个社区还会更大。显然，对进化来说这不是坏事：只要简单改变一个或几个氨基酸，就可以产生许多新的蛋白质。

在这座图书馆迷宫里漫游，要是手里没有一团展开的毛线丈量走过的路程，很容易就会迷路，这一点也和代谢图书馆类似。在这里我们也需要借助某种方式来衡量蛋白质图书馆里的"距离"，于是我们采用了两个蛋白质相异的氨基酸数目作为衡量距离的单位。这个标准可以告诉你，从一个蛋白质文本到任一其他文本要走多远，即需要改变多少个氨基酸。

图书馆中的文本很重要，但更重要的是每个文本承载的意义。我们的双眼无法解读这种意义，无法阅读蛋白质化学语言的单词、句子和段落，但生命自身精通这门语言，并能分辨出一个蛋白质文本到底是文风优美的佳作，还是词不达意的垃圾。

细胞判断蛋白质是否有意义的标准很实际：能让细胞存活的蛋白质就有意义。只有有用的蛋白质才有意义，有缺陷的变异蛋白不能正确完成折叠，自然也就一无是处。如果"意义"这个词听起来过于以人类为中心，我们不妨参考一下符号学——一门语言学的分支，主要研究意义的意义，其中对"意义"的定义是任何符号（随便什么东西，可以是路标，可以是一本书）所指涉的内容。根据这个定义，如果蛋白质的基因是符号，那么它所编码的蛋白质氨基酸序列以及蛋白质在细胞内所起的作用就是它的意义。

宇宙图书馆里到底确切地藏有多少本有意义的书，我们仍然无从得知。但经过几十年的研究，如今我们已经可以估算蛋白质图书馆里有意义的蛋白质的数量，因为大多数有用的蛋白质都有特定的折叠形状。从图书馆里随机选取一个书架，随机选取一个蛋白质，它能够折叠的概率至少是万分之一。这个概率听起来好像不是很大，但请记得，宇宙图书馆本身非常巨大，光是由 100 个氨基酸组成的蛋白质就超过 10^{130} 个。即使其中只有万分之一的蛋白质能够折叠，也有 10^{126} 个，即 1 后面跟着 126 个 0，这比全宇宙中的氢原子数量还多。由此可知，有意义的蛋白质的数目大得超乎想象。

进化会利用大量的生物体对蛋白质图书馆进行探索。DNA 一代接一代

地复制，难免会出现复制错误，改变 DNA 链上的碱基，如腺嘌呤变成胞嘧啶，胸腺嘧啶变成鸟嘌呤，或者发生其他变化，每改变一个氨基酸，蛋白质就会发生改变。变化后的文本可能具有全新的用途，想要理解这一过程，我们就得绘制蛋白质图书馆的地图，就像在代谢图书馆中做过的那样。这个任务没有看上去那么难：多亏研究蛋白质的科学家们在过去数十年中的不懈努力，我们已经知道了成千上万种蛋白质的折叠方式、功能以及在图书馆中的位置。另外，借助 20 世纪的分子生物学技术，我们可以从书架上取下任意一卷书，合成相应的蛋白质，并在实验室里研究它的折叠方式和功能。

有关蛋白质进化中的一个最简单的问题，我们在之前的章节中已经探讨过了。要找到一个有一丁点意义、有助于生物体存活的蛋白质有多难呢？如果图书馆里只有一个这样的蛋白质，即便从遥远的大爆炸开始找也很难找到。既然存在大量有意义的蛋白质，那么生命在面对不同的挑战时，就会有多种解决方式，但到底有多少种呢？

2001 年，哈佛大学的安东尼·基夫（Anthony Keefe）和杰克·绍斯塔克（Jack Szostak）试图回答这个问题，他们研究的蛋白质家族的重要性不亚于生命历史中出现的任何其他性状：这类蛋白质可以联结三磷酸腺苷，而我们已经在第 2 章中说过，三磷酸腺苷是生命的电池。一般情况下，蛋白质通过裂解三磷酸腺苷摄取工作时所需的能量，包括运输材料、收缩肌肉、构建新分子等。

想要释放和利用三磷酸腺苷的能量，蛋白质首先要结合三磷酸腺苷。如果庞大的蛋白质图书馆里只有一种蛋白质能够结合三磷酸腺苷，盲目寻找不

过是在白费力气，想找到它除非有奇迹出现。基夫和绍斯塔克想弄清楚，图
书馆里能够结合三磷酸腺苷的蛋白质究竟有多稀有。他们采用化学手段创造
出许多不同种类的蛋白质，每种蛋白的氨基酸序列都不相同，完全随机。这
个人工设计的过程相当于从蛋白质图书馆书架上随机取下一册书卷。研究者
制造的随机蛋白质均含有 80 个氨基酸，这样的蛋白质数量超过 10^{104} 种，不
可能全部在实验中合成出来，但这个实验中所合成的随机蛋白质数量已经相
当惊人了：大约有 6 万亿种。

基夫和绍斯塔克发现，其中 4 种毫无关联的蛋白质可以结合三磷酸腺苷。
6 万亿种蛋白质中有 4 种可以结合三磷酸腺苷的蛋白质，是不是听上去一点
都不富裕？但是按照这一比例，所有包含 80 个氨基酸的候选蛋白质中能结
合三磷酸腺苷的就多了去了：10^{93} 个。三磷酸腺苷结合问题的答案是一个天
文数字。

麻省理工大学的约翰·里德哈尔 - 奥尔森（John Reidhaar-Olson）和罗伯
特·索尔（Robert Sauer）研究了同样的问题，但采用的方式不同。他们研究
的是一种调节蛋白，这种蛋白可以关闭病毒的基因，后者能感染细菌。这种
病毒名为 A 字形噬菌体，它的 DNA 所编码的蛋白质使它能自我复制并杀死
宿主。但利用开关关掉基因后，这种病毒也可以在细菌体内休眠，直到时机
成熟再自我复制并杀死宿主。通常当宿主遭遇不幸时，如饥饿、抗生素污染、
过量的紫外线照射，就意味着时机到了，病毒于是趁机开始复制，复制所得
的子代病毒冲破细胞，将满目疮痍的细菌遗弃。那场面用一句不恰当的俗话
说，大概就是"树倒猢狲散"。

奥尔森和索尔探索了蛋白质图书馆中这个病毒开关附近的一个社区，随机创造出大量社区中的氨基酸序列，从而探究哪种序列可以产生有效的开关关闭病毒基因。他们计算的结果是，整个图书馆中有超过 10^{50} 个文本能够编码关闭基因的分子开关。他们把类似的算法应用于另一种蛋白质，即合成氨基酸所需的酶，发现了多达 10^{96} 种蛋白质可以完成这项工作。

自然界中的抗冻蛋白给了我们一个提示，之后我们在实验室中则以实验证实了这个猜测：无论是结合三磷酸腺苷，关闭病毒基因，还是催化生化反应的蛋白质，都不是唯一的，应对相同问题的解决方案甚至可能超过 100 万种。具有不同功能的蛋白质数目是一个天文数字，每一种都对应蛋白质图书馆中的一卷书。图书馆中馆藏数量之多，难以想象。就生物的创造力而言，只有我们想不到，没有自然界做不到。

事实上，解决特定问题的书在图书馆里取之不尽。当然，知道这一点还不够。我们还要找出这些答案的位置和组织方式，它们是整整齐齐地排在书架上呢，还是随意摞成一堆？仅有实验室的实验是远远不够的，因为即使实验能够合成并测试惊人数量的蛋白质，但与自然界中实际的蛋白质数量相比，依旧显得无足轻重。在自然界中，每一天都有不计其数的生物体在加班加点合成新的蛋白质，每个生物体都是合成蛋白质的量产工厂，而每一个蛋白质都不过是在持续了亿万年的蛋白进化之路上，最后的那一个脚步而已。

蛋白科学家早就已经注意到了蛋白质的多样性。如果把蛋白质比作糖，拥有数量庞大的蛋白质的自然界就像一家巨大的糖果店，心怀热忱的科学家就像孩子一样一拥而上。比起实验室中得来的数据，科学家在成千上万的生物体中得到的有关蛋白质进化的知识要多得多。我们前面探讨过的斑头雁体内负责输送氧气的血红蛋白就是一个很好的例子。

血红蛋白的功能不难理解，它往返肺与身体组织之间，完成对氧气的结合或释放，它的重要性也无须赘述。血红蛋白属于一个结合氧气的蛋白质家族，即球蛋白（globins）。球蛋白不仅对我们，对于许多其他的哺乳动物、鸟类、爬行类和鱼类也同样重要。这些物种最初具有共同的祖先，但随后经过无数代遗传，如父辈、子辈、孙辈和数不清的曾孙辈，在一代代演替过程中，编码血红蛋白和所有其他蛋白质的 DNA 经历了无数次复制。虽然每次复制都极少出现复制错误，对我们的细胞而言，DNA 复制过程中大约平均每 4 000 万个碱基中才会出现一个复制错误，但只要假以时日，只要时间足够长，理论上一个基因组中的所有基因都会出现复制错误，从而导致它们编码的蛋白质产生变化。

编码氨基酸序列的基因变化后，球蛋白不再按照正确的方式折叠，氧气也就不能流向需要的地方。简单地说，这通常意味着死亡。但发生改变的蛋白质不一定会完全丧失原本的功能和意义。甚至有些改变既不会改变蛋白质的功能，也不损害基因存在的意义，并能够传给下一代。经历无数代繁衍，复制错误，尤其是某些可容忍的复制错误在基因组中逐渐积累，就会慢慢改变蛋白质的氨基酸序列。

图 4-2 展示的是人类以及 3 种物种分类上的亲缘生物，各自血红蛋白中的 10 个氨基酸片段。图中的每个字母都取自包含 20 个字母的字母表。科学家通常用字母缩写代表氨基酸：V 代表缬氨酸，A 代表丙氨酸，诸如此类。

大约 500 万年前，即差不多 20 万代人之前，我们和与我们血缘关系最近的黑猩猩还拥有一个共同的祖先。由于这段时间还不足以积累大量的遗传错误，因此黑猩猩的球蛋白文本迄今没有改变太多。在图 4-2 中展示的球蛋白片段里，人类和黑猩猩只有一处不同：在人类血红蛋白为丙氨酸（A）的位置上，黑猩猩的则为谷氨酸（E）。

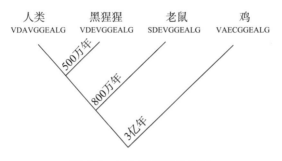

图 4-2　蛋白随时间变化图

大约 800 万年前，人类的祖先和老鼠的祖先分道扬镳。因此比起黑猩猩，老鼠的球蛋白累积变化的时间更长。图 4-2 显示，人类和老鼠有两处氨基酸差异。鸡的祖先和我们的祖先分开得更早，是在近 3 亿年前，所以其间累计的氨基酸差异则相应达到了 6 个。

还有几百万种生物体含有血红蛋白，除了恒温的脊椎动物，还有爬行类、青蛙、鱼类、海星、软体动物、苍蝇、蠕虫，甚至植物。其中一些物种从生命之树的同一枝条上生长出来，距离它们拥有同一个祖先的日子还不太远。它们的球蛋白基因在生物史上的大部分时间里都是相同的，只是在最近才分道扬镳，但是依旧十分相似。另一些生物体位于生命之树的不同树枝上，距离它们拥有共同祖先的日子较久远，控制球蛋白合成的基因相差也更大。但不管这种差异有多大，它们编码的球蛋白都能正常工作，否则这些球蛋白基因就不会存留至今。每个幸存的基因解决氧气结合问题的方案都不尽相同。生命每延续 1 000 年，就会进入蛋白质图书馆的更深处，在随机进化之旅中探索全新的球蛋白文本。

想知道球蛋白在进化之旅中走了多远，需要想想我们最远的亲戚：植物。尽管植物没有血液，但事实上还是有一些植物能够合成球蛋白。

大豆、豌豆、苜蓿等豆科植物可以从空气中吸收至关重要的氮元素，而空气中的氮几乎是取之不尽的。（其他植物大多需要从土壤中吸收氮，除非农民施用化肥，否则土壤的氮含量通常很低。）豆科植物借助细菌从空气中吸收氮，这种细菌成群结队生活在植物根部附近，体内含有一种特殊的酶，能将空气中的氮气转化为铵盐，铵盐也是含氮化肥的主要成分。这种天才的共生关系只有一个缺点：大气中的氧气会破坏固定氮气的酶。植物为保护这种酶而合成球蛋白，根部的共生细菌因而得以远离氧气。

植物和动物的共同祖先可以追溯到 10 亿多年前，动植物处于生命之树不同的主枝上，两者间的球蛋白的差异大得惊人，这表明动物和植物相互独立的进化旅程已进行了很久。举个例子，羽扇豆和昆虫的球蛋白中几乎有 90% 的氨基酸都不同。然而，如图 4-3 所示，这些球蛋白不仅都能结合氧气，折叠形状也十分相似。左图是一种豆科植物的球蛋白折叠，右图是一种小型双翅昆虫摇蚊的球蛋白折叠。两种蛋白质都有几处螺旋体一样的结构，例如左上方和右下方有两处排列十分相似的平行螺旋。图像无法完全说明这两个球蛋白有多相似，如果你转动分子，把其中一个覆盖到另一个分子之上，就会发现两个分子中原子的空间分布几乎一模一样。尽管已经各自独立进化了 10 亿多年，但这些球蛋白的折叠方式依然十分相似。

豆科植物与昆虫球蛋白的氨基酸差异极大，但这种差异稀松平常。哪怕对于两种动物球蛋白而言，很可能有 80% 的氨基酸也是不同的，比如蛤和鲸。尽管有种种差异，上述以及其他生物体体内的上千种球蛋白仍然彼此相关联，组成一张网络，遍布蛋白质图书馆。这张网络上的通路连续不断，从共同祖先出发，每走一步改变一个氨基酸，但文本含义保持不变。

植物 昆虫

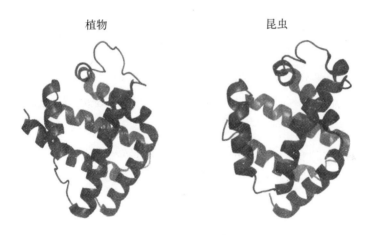

图 4-3　两种折叠方式相似的血红蛋白

类似的基因型网络我们已经在代谢图书馆中探讨过了，无论生物进化在这张网络中往哪个方向走，走多远，代谢表现型的意义总是保持不变。进化在探索蛋白质图书馆的过程中采用了一种不同的策略，不是基因水平转移，而是改变单个氨基酸，但两者的本质是相同的。基因型网络将不同的球蛋白连接在一起，网络的根须触手一直延伸至蛋白质图书馆的深处。进化可以沿着这个网络探索图书馆，不致迷路而陷进由无用分子围成的致命流沙中。

球蛋白形成的基因型网络规模庞大、交错纵深并不是例外，而是普遍规律。折叠方式、催化反应以及祖先相同的酶，它们的氨基酸的相似度通常不超过 20%。我们能认识到这一点，是因为科学家已经在图书馆里确定了上千种已知酶的编码文本位置。通过给文本编目，我们能够绘出酶的基因型网络在图书馆中的通路，其中有一些甚至比球蛋白延伸得更远。延伸最远的是 TIM 桶状蛋白质，TIM 是磷酸丙糖异构酶（triose phosphate isomerase）的首字母缩写。由于 α- 螺旋和 β- 折叠的排列方式像木桶夹板，所以这种酶被称作桶状蛋白。TIM 有助于从葡萄糖中摄取能量。令人震惊的是，有些以相同方式进行折叠的酶与 TIM 没有一个氨基酸相同。它们分别位于蛋白质图书馆的对角位置，即所有字母都互不相同，尽管如此，它们却携带着相同的化学信息。这些蛋白质就像无数个不同版本的《哈姆雷特》，尽管不同版本的 4 000 行台词中只有几百行相同，甚至没有一行相同，但每个版本都完整地讲述了莎翁笔下那个王子复仇的故事。

自然实验室中的上千种蛋白质同样叙述了一个类似的故事：不管是酶、调节因子还是像血红蛋白那样的运输分子，当我们需要一个新的蛋白质解决眼前的问题时，解决方案往往多得数不过来。不仅如此，应对相同问题的蛋白质由一张众多蛋白质文本构成的巨网相连，遍布蛋白质图书馆。在某些蛋白质网络中我们已经能够认出数千种蛋白质了，可是这也只是沧海一粟，要知道，一张网络中具有相同表现型的蛋白质往往多达数万亿个。

有些未知的蛋白质属于早已灭绝的生物，但是绝大多数蛋白质甚至从未在自然界出现过。生命历经的 40 亿年太短，只够创造出 10^{50} 种蛋白质，这只占蛋白质图书馆所有文本中的极小一部分。不论巨大的生命之树上挂着多少蛋白质，也不论这棵树有多么高大、多么美丽，它终究只是脏兮兮的镜子里污迹斑斑的影像，是柏拉图的理想世界中模糊不清的幻影，唯有背后那张更大的基因型网络才是这一切的本质。

我们在第 3 章里看到，在进化过程中，有几十亿读者通过基因型网络探索着代谢图书馆各个角落里的不同社区。尽管有些探索者掉下网络一命呜呼，但也有一些探索者通过网络发现了新表现型的进化文本。基因型网络或许同样可以服务于蛋白质，前提是蛋白质图书馆里的社区也具有多样性。否则，进化的蛋白质还不如待在原地不动。因为如果图书馆不同区域堆放的书籍相同，也就没有探索图书馆的必要了。

图书馆中每个蛋白质附近书架上的文本是否意义相近，是否就像现代社区中大同小异的家家户户？还是更像中世纪的村庄，风格独特，魅力各异，所含蛋白质拥有独一无二的新功能？尽管我们研究了几十年蛋白质，如今甚至可以用计算机挖掘堆积如山的蛋白质数据，但是对于这个问题，直到现在我们也没有找到答案。

要回答这个问题，光有计算机还不够，还需要热爱书本的图书管理员。一个年轻的智利研究者埃万德罗·费拉达（Evandro Ferrada）带着这份热爱来到苏黎世，加入了我们的研究小组攻读他的博士学位。埃万德罗曾经有过研究蛋白质的经验，他能熟练地从巨大的蛋白质数据库中筛选出所需的信息，不论是蛋白质的折叠方式还是蛋白质分子内的原子信息。埃万德罗个性安静，常常陷入沉思，这种个性我以前在别人身上见过，这些人常常与生命的深层奥秘缠斗。也许这也是他同意研究这个问题的原因，因为蛋白质的空间结构正是这样的奥秘：挑战性强，意义深远，异常艰难，但也不是没有被解决的可能。另外，蛋白质的空间结构里还隐藏着蛋白质进化的秘密。

埃万德罗重点研究的是酶，因为这类蛋白质的种类异常丰富。这毫不意外，因为酶需要催化 5 000 多种不同的化学反应。科学家已经对酶进行过深入研究：他们已经把蛋白质图书馆中散落的几千种蛋白质标记了出来。一旦我们知道了酶的精确位置，就可以用计算机进行分析。埃万德罗利用电脑选出一对蛋白质，它们的折叠方式相同，但在基因型网络中处于不同位置。紧接着，他检验了第一个蛋白质所在社区的一小部分相邻蛋白，列出了其中所有已知的蛋白质和它们的功能。之后，他以相同的方式检验了第二个蛋白质所在的社区，列出了经过检验的所有已知蛋白质和它们的功能。他比较了两张列表，关注点集中在两个列表中的蛋白质是否相同，以及两个社区的蛋白质功能是否相同。然后他选取了另一对蛋白质，重复相同的检验过程，关注相同的问题，直到他研究了几百对蛋白质和它们所在的社区。

最终的答案很简单：即使两个蛋白质在图书馆里离得很近，它们的社区内包含的大部分蛋白质功能也不同。比如，某两个蛋白质中存在差异的氨基酸只有不到20%，即便如此，它们各自所在社区里的蛋白质的大部分功能也都不同。蛋白质图书馆和代谢图书馆一样，社区高度多样化。出于同样的原因，这种多样性使得庞大的基因型网络与探索蛋白质图书馆的过程相适应，蛋白分子在保存原有意义的同时，拥有进化成为功能不同的新蛋白质的巨大潜力。

代谢图书馆和蛋白质图书馆中充斥着基因型网络，这些网络由含义相同的文本构成，每个文本都被放置在高维空间的超几何体上，两个图书馆里的多样性社区数量也都多得难以想象。它们彼此间有诸多相似之处，但都与人类图书馆大相径庭。不过这也没什么好奇怪的，因为远在人类出现之前，它们就已经存在了。

确切一点说，代谢图书馆和蛋白质图书馆的出现至少比人类早了30亿年。从那时候起，蛋白质就从RNA手里接管了大部分生命的工作。这样做绝对有着充分的理由，因为蛋白质的构件要多得多，RNA只有4种核苷酸，相比之下蛋白质则有20个不同的氨基酸，大自然可以用蛋白质书写更多不同的文本。要写一条10个字母长的链，用4个字母的字母表大约可以写出100万条，而用20个字母的字母表则可以写出超过10万亿条，后者是前者的1 000万倍。相比RNA，蛋白质文本的数量要多得多，而且文本越长，两者的差异越明显。更多的文本意味着更多的构型，参与更多的反应催化，执行更多的功能和完成更多的任务。

但RNA的出现确实先于蛋白质，就凭这一点，RNA就足以在生物进化的万神殿里享有一席之地。如果没有历史上的第一个自我复制分子以及它的进化，也就没有今天的我们。不理解这种进化的过程，我们的工作也就不能算是完整的。

幸好，RNA 和蛋白质之间有许多相似之处，这有助于我们理解 RNA 的进化。我们可以把 RNA 文本组织成一座超立方体图书馆，虽然不如蛋白质图书馆大，但依然规模惊人。在图书馆中，相似的文本离得近，相异的文本离得远。这座图书馆也属于高纬建筑，这意味着其中的社区比三维空间里的大得多，即一个文本附近有许多其他文本。由于 RNA 长链分子和蛋白质一样高度灵活，所以许多 RNA 文本的意义也会借助构型语言来表达。和蛋白质一样，RNA 链也会在空间中弯曲扭转，精心折叠。

不幸的是，RNA 与蛋白质的相似之处仅到此为止。RNA 分子似乎不愿意轻易显山露水，对它的构型研究一直不顺利。科学家们至今只确认了数百个 RNA 构型，而我们已经知道了上千种蛋白质的构型和功能，相比之下，已知的 RNA 构型数量简直微不足道。我们在蛋白质中取得的成果，即大量比较自然界中的蛋白分子并绘出图书馆模型，暂时还不可能在 RNA 分子上重复。

尽管如此，得益于奥地利科学家彼得·舒斯特（Peter Schuster）和他的同事们的工作，RNA 图书馆的建设并不是毫无进展。舒斯特是欧洲计算生物学的鼻祖之一，他从 20 世纪 70 年代起就在维也纳大学担任教职，现在是该大学的退休教授。我与舒斯特的第一次会面似乎印证了许多欧洲人对奥地利人的固有印象。舒斯特个性活泼，块头很大，幽默感奇特，哪怕出现在奥匈帝国晚期的传统维也纳咖啡馆也毫不突兀，因为那样的地方往往聚集了大量受过良好教育的饱学之士，从心理分析到量子理论，他们对每件事都能滔滔不绝。舒斯特正是那种传统的科学家，一个纯粹的知识分子，对各种话题都能信手拈来。他不摆架子，说话风趣，就算谈话内容再严肃也会找机会岔开话题幽默一把。有句耳熟能详的谚语阐释了奥地利人对生活本身和生活中诸多挑战的看法："情况不容乐观，但是绝望为时尚早。"舒斯特本人就是这句谚语的写照。

舒斯特看起来大大咧咧，但思维开阔、头脑清晰。他是提出 RNA 世界起源理论的先驱之一，他的研究小组开发的计算机程序成功预测了 RNA 一个重要的分子特性，即它具有二级结构。

当 RNA 单链进行折叠时，首先出现的正是它的二级结构。随着 RNA 链扭转、弯曲、缠卷，部分核苷酸互相配对，在分子内形成局部的双螺旋区段，像极了著名的 DNA 双螺旋。众多双螺旋与它们之间的单链区域，就构成了 RNA 的二级结构，而所有这些结构都是由一条 RNA 长链通过自身折叠形成的。RNA 的二级结构就像蛋白质的 α - 螺旋和 β - 折叠，二级螺旋结构通过自组织形式，向更高级的立体结构自发发展。

舒斯特能通过核苷酸序列计算出 RNA 的二级结构，不仅如此，他们小组的计算机程序运行得飞快，几秒内就能预测出几百种分子构型。而对于更加复杂的 RNA 三维结构，我们至今都无法做到快速运算。有了如此高效的程序，我们就可以开始绘制 RNA 图书馆的地图了。即使我们离完全理解 RNA 的折叠方式和功能还有很长一段路要走，二级结构本身已经足够关键了：如果一个 RNA 分子的核苷酸顺序发生变异，破坏了它的二级结构，这个分子就不能进行正确的三维折叠。二级结构对 RNA 分子的意义至关重要，正如花束不能跳过一朵花凭空出现，RNA 分子的三级结构也无法逾越二级结构存在。这个理由充分论证了研究二级结构的必要性。

舒斯特身边的研究人员在 RNA 图书馆中发现了许多可以解读的分子含义，令人眼花缭乱，而所有分子含义都可以通过 RNA 构型进行表达。举例来说，对于一个含有 100 个核苷酸的 RNA，它的不同构型的可能数量已经达到了 10^{23} 种。许多天然 RNA 分子包含的核苷酸更多，更长的 RNA 链则相应拥有更多的可能构型。

另外，构型相同的文本在 RNA 图书馆中的组织方式和蛋白质图书馆非常相似，即文本连成网络，延伸至图书馆深处，你可以通过微小的改变积累，逐步修改，直到彻底改变一个文本的内容，同时保持文本编码的 RNA 功能不变。像蛋白质图书馆一样，RNA 图书馆中不同的社区更像中世纪的村庄那样多姿多彩，而不像城里的社区那样大同小异。每个社区里的构型都不尽相同，任意两个不同的社区之间的交集也廖廖无几。这一切都意味着 RNA 进化所遵循的规则与蛋白质相同，而最新的实验表明事实的确如此。

2000 年，麻省理工大学的埃里克·舒尔特斯（Erik Schultes）和戴维·巴特尔（David Bartel）完成了一个巧妙的实验，在 RNA 图书馆中开辟了一条新的道路。实验开始于两个较短的 RNA 文本，每个文本含有的核苷酸不超过 100 个。两个文本的许多核苷酸都不同，在图书馆中的位置相去甚远。不过它们并不是随随便便的 RNA 分子，两者都是核糖酶（ribozymes），是由 RNA 而不是蛋白质组成的生物催化剂。两个核糖酶扭曲形成不同的三维构型，负责催化不同的反应。第一个分子可以将一条 RNA 链分解成两条，第二个正好相反，主要通过原子键融合两条 RNA 链的末端，把两条链联结起来。我们姑且把这两种酶分别称作"切割酶"和"连接酶"。

如果你手头有一个切割酶分子，需要在图书馆某处找到一个连接酶，会是轻而易举还是难于登天？或者相反，通过手头的连接酶寻找切割酶呢？换句话说，以任意一个分子为起点，你能否通过对图书馆进行探索找到另一个想要的分子，就像分子进化能够实现的那样？如果你对基因型网络一无所知，就会认为这不可能，因为这两个分子天差地别。即便可能，大概也非常困难，因为一招不慎则满盘皆输，任何一点失误导致的缺陷分子在进化中几乎都意味着死亡。

舒尔特斯和巴特尔没有被困难吓倒。他们模仿自然选择的过程，从其中一个分子出发，一步一步改变核苷酸的序列，同时要求每一步都保留原本的分子功能，尝试向另一个分子靠近。他们利用自己掌握的化学知识预测穿过图书馆的可行路径，合成所有候选的变异 RNA，测试新链能否像它的前辈一样催化相同的反应。如果不能，他们就尝试另一条不同的路径。

读到这里，你可能不会再对他们的发现感到惊讶了。从连接酶出发，他们一点一点地朝着切割酶靠拢，在这个过程中他们一共修改了 40 个核苷酸，同时保证新获得的 RNA 分子具有融合两条 RNA 链的能力；从切割酶出发，他们也以同样的方式，向着连接酶一点一点地修改核苷酸，在修改了 40 个核苷酸后，仍然保持新获得的 RNA 分子具有裂解 RNA 的能力。在两种分子相互转变的中间点附近，奇妙的事情发生了：只要对不到 3 个核苷酸分子进行修改，核酸酶的功能就会发生颠覆性的改变。连接酶变成了切割酶，而切割酶则变成了连接酶。

这个实验像许多优秀的实验一样，传达了不止一条重要信息。第一条，具有切割酶和连接酶含义的文本不止一个，而是有很多。第二条，这些分子在 RNA 图书馆中相互连接，即便必须以保留分子功能为前提，你也可以循着这张网络找到功能相同的新分子。正是基因型网络使得这一切成为可能。第三条，循着网络中的某条道路前进，你总会在某个文本所在的社区中找到你想要的新性状。

在真实的进化历程中，探索 RNA 图书馆需要大量分子充当读者，而上述实验中只有一名孤单的读者。此外，科学家还要凭借生化知识指导这个读者，以防止它乱走，根据实验设计，它一直在沿着基因型网络前进。这使我心头一直萦绕着一个疑问：大自然中的 RNA 在进化上其实是随机而盲目的，对于现实中的进化而言，基因型网络是否对它也有助益？这个问题的答案直到 10 年之后，在我位于苏黎世的实验室完成一项与进化有关的实验后，才渐渐浮出水面。

大多数人认为进化非常缓慢，所需的时间与我们每个人的正常寿命根本不在一个数量级上。就人类的进化而言，这的确是事实，1 000 年的时间才相当于 50 代人，但许多其他生物的世代时间就要短得多，比如大肠杆菌，它每 20 分钟就能繁衍出下一代。繁殖 50 代大肠杆菌甚至用不了一天。一个 RNA 分子几秒钟就能完成自我复制，RNA 使用的分子复制体系与复制 DNA 的那一套相仿。不消一天，你就能得到上千代 RNA。

有了快速复制的生物体和分子，实验室就可以开展一个雄心勃勃的实验：重演进化。类似的模拟进化实验能够让科学家形象地看到进化如何在生物传宗接代的过程中，逐渐改变整个生物种群。由于 RNA 分子对早期生命至关重要，它们在这种实验中就显得特别有吸引力。RNA 分子兼具自我复制和变异的遗传特性，本身的性状又能够作为自然选择的作用对象，集各种进化的要素于一身。

2008 年秋，我为开展实验室里的进化实验面试了一些新人，希望能解决萦绕我心头多年的疑问。其中一个年轻的美国科学家非常出挑，不仅因为他的证书，也因为面试时他穿着徒步鞋。虽说大多数学院的科学家都崇尚休闲打扮，对其他职业严格的着装要求往往嗤之以鼻，但徒步鞋还是有点不同寻常。起码，这显示出了他的健康自信。

这个年轻人叫埃里克·海登（Eric Hayden），是一名化学家，刚从俄勒冈州立大学取得博士学位，他在 RNA 酶方面进行的工作非常杰出。虽然之前对进化生物学所知甚少，但他对进化表现出了深深的好奇。他面容坦率，一个微笑就照亮了房间，顿时让人心生好感。我和他简短地谈了谈，随后就让他和组里的其他研究员随便聊聊，看看他在我们的圈子里是否自在。他肯定觉得就像在家里一样舒坦：一个小时后回到我办公室时，他已经脱下靴子只剩袜子了，他解释说靴子太热了。

埃里克得到了这份工作，而我从未后悔这个决定。他非常了解 RNA，做实验谨慎仔细，非常讨人喜欢。我觉得能和他一起工作是我的荣幸。

埃里克在我的研究小组里负责研究一种核糖酶，这是一种 RNA 酶，用以帮助某些细菌表达基因。这种酶可以根据特定的核酸序列辨识相应的 RNA 链，然后对目标 RNA 进行切割，随后将自身连接到其中一个片段上。（许多生物细胞内都有能识别并裂解特定 DNA 和 RNA 的分子，它们的目的多种多样，例如破坏入侵病毒的外来 DNA，或者把较短的 DNA 片段连接成相对较长的 DNA。）关于这种酶，我只想知道基因型网络能否改变这种酶，使它能够识别新的 RNA 分子。

为了找出答案，埃里克把这种酶复制了 10 亿多份——所有复制所得的酶正好相当于一汤匙，然后用分子复制体系对这 10 亿个酶进行扩增。生物本身的复制体系并不完美，偶尔会出现复制错误，因此获得的少量核糖酶会出现变异。随后，埃里克运用某种化学方法，设法让变异体中那些依旧能够识别原目标 RNA 的核酸酶继续复制。这种手段巧妙地模拟了自然选择的核心要求：只有保留原先功能的变异分子才能在生物的代际之间传递。

埃里克的实验循环了许多次。第一次循环前，所有的分子都一模一样，就像 10 亿个读者在图书馆里弯腰读同一卷书。第一代分子诞生后，许多分子已经变异了，其中只有一部分能活下来。幸存的分子在衍生出第二代分子时进一步发生变异，循环往复。仅仅过了 10 代，子代与初始 RNA 的平均核苷酸差异就已经达到了 5 个，有些甚至相差多达 10 个。这 10 亿个读者已经在图书馆里一哄而散了。

只需要上述简单的观察，我们就可以得出埃里克实验的第一个结论：经过数代复制，这群 RNA 分子已经不是完全相同的了，它们与初始 RNA 分子之间多少存在数个核苷酸的差异。尽管基因型已经改变，选择机制却使得所有分子保留了相同的功能特征。由于不同的 RNA 分子分布于图书馆的不同位置，埃里克的实验已经表明，基因型网络在 RNA 图书馆中同样存在。

实验的第二个结论涉及两类分子。第一类分了是我们在上面所说的"混合"分子，而第二类分子则是初始 RNA 分子，其中每个分子都一模一样。埃里克让两类分子切割一种新的 RNA。他用一个硫原子取代了原先的 RNA 链上的一个磷原子，如此一来，酶的工作艰难了许多。埃里克用复制 - 选择的方式分别处理两组分子，让它们各自经历模拟的进化过程。但他现在只选择能够切割新 RNA 链的分子，接下来他想知道，四散在基因型网络上的第一类分子和集中在基因型网络一处的第二类分子，到底哪类分子上手新任务的速度更快。

如果基因型网络有助于分子进化，那么第一类分子应该做得更好，因为第一类分子能在 RNA 图书馆里探索更多社区。这正是埃里克的发现。他在多样的混合分子里发现了一个 RNA 酶，这个核酸酶执行新任务的效率比单一的第二类分子中的核酸酶高 8 倍。

埃里克的实验还有一个额外的惊喜。我们是在测定那个效率奇高的新分子的序列时意外发现的。

很多研究人员已经研究过我们实验开始时用的 RNA 酶。这个分子很小，只有大约 200 个核苷酸。我们知道相关核苷酸序列、折叠方式、相关功能以及作用原理。大部分你可能想了解的内容我们都知道。在酶分子的数轮复制中，我们都精确控制了分子进化的环境，甚至精确到每个分子的浓度。既然对全局有了近乎周详的掌控，你可能会觉得我们应该能预测分子会做出怎样的改变来适应新任务。就像如果你彻底了解一架机器，了解机器上的每一个齿轮、每一个螺钉、每一根杠杆、每一根弹簧以及它们的协作方式，你肯定也知道改进这架机器的最佳办法。

但是我们不知道。我们完全无法预测大自然究竟会如何改进实验中的酶分子。直到今天，我们仍然没有完全理解为什么这样改进的效果最好。

实验室里模拟进化的实验常常出现意外。不论我们对一个分子研究得多透彻，不论实验多简单，不论控制得多精确，自然总是出人意料。**哪怕是最简单的酶，也比大多数人类制造的机器要复杂难懂得多。**

虽然我们在预测最佳结论上毫无建树，但也没有空手而归，我们现在已经知道基因型网络可以加速生物种群进化的速度。这个结论正中要害，虽然我们无法预测某个个体的新性状，但这并不妨碍我们在种群层面上对于进化的研究。

科学祛魅自然，确定自然法则，剥夺人对世界的惊奇和敬畏之心，这让很多伪科学人士深感困扰。用诗人约翰·济慈（John Keats）的话来说，科学家是群扫兴的人，"使天使折翼"（clip an Angel's wings）、"拆开彩虹"（unweave a rainbow）。达尔文理论之所以不被接受，这种情感当然也是原因之一，不过上述实验表明，我们依然可以想到两全其美的办法。科学能够解释进化的普遍原则，但是不能预测单个进化。理解进化的能力丝毫不会影响进化的魔力。这本身就是我们对自然保持惊奇和敬畏的理由。

ARRIVAL OF THE FITTEST

05
命令与操控

Solving Evolution's

Greatest Puzzle

无论多复杂的生物，它的形态和功能都受到调节因子的控制。调节因子占据着某个基因相邻的一小段 DNA，一旦它们遇上特定的 DNA 序列，就会与之结合。调节因子与相应的 DNA 需要在形态上互补。有些基因表达能被调节因子抑制，有些基因则需要它们激活。调节因子指导着所有生物的发育。调节因子之间相互调控，形成了复杂的网络。

一直以来，牛奶都被当作一个正面的意象。麦克白夫人的丈夫在犯下弑君罪行前，因为心中尚存"纯良人性的乳香"而犹豫不决，《出埃及记》的第 3 章向希伯来人承诺了"遍地流淌着牛奶和蜂蜜的理想地"，直到今天，我们还用"如母乳般纯良"来形容无害的事物。然而，对于这个世界上超过半数的人来说，一杯牛奶并不意味着健康的生活，而是如假包换的毒药。牛奶对他们来说意味着胀气、放屁和腹泻，这是因为他们体内缺乏消化牛奶中特有的乳糖的消化酶。没有这种酶，人体就无法降解乳糖，而人体内的微生物很乐意清理原封未动的乳糖，正是它们的代谢产物引发了人体的不适反应。

　　乳糖不耐的人曾经也能够消化母亲的乳汁。在幼年时，他们体内的乳糖酶基因是激活的。用专业的术语来说，这些基因是表达的（expressed），基因表达的意思是：编码乳糖酶的 DNA 指令被转录为 RNA，RNA 继而被翻译为相应的蛋白质，也就是酶。乳糖不耐就是源于成年人体内的乳糖酶基因被永久关闭，不再表达。这种可以激活或者关闭的基因，我们称之为"可诱导基因"

（regulated genes）。

对于多数人来说，成年后体内的乳糖基因关闭才是常态。如果你有幸能够耐受乳糖，那么说明你在乳糖酶基因控制区存在一个突变，这个紧邻酶基因的突变使得你的乳糖酶基因在成年后仍然可以持续表达。由于这种耐受乳糖的突变最早广泛流行于从事畜牧业的人口中，所以没准你的某个遥远的祖先就是一位爱喝牛奶的奶农，悠闲地生活在东非或者斯堪的纳维亚。乳糖耐受能力如野火燎原，只是眨眼之间——人类发展畜牧业的历史只有大约区区8 000 年，在某些人口中的突变率就从 0% 蹿到了 90%。乳糖耐受是近世代自然选择在人类基因组中留下的最深刻的烙印之一。

说来可能没人相信，但是乳糖诱导的消化不良与自然进化有着密切的关联。两者的联系在于调节，类似于乳糖酶基因开关的分子调节。除了引起肠胃不适，基因调节还与数不清的生物形态有关，如水母波动起伏的“伞”，鲨鱼犹如水雷般致命的身形，玫瑰窈窕纤细的茎秆，红杉树巨大粗壮的树干，毒蛇吓人的条形躯干，野兔疾步如飞的四肢，还有鸟儿用以翱翔的双翅。从细胞中第一个平衡细胞的生长开始，基因调节就从细胞依旧利用 RNA 作为基因组的远古时代出现了。30 亿年之后，地球上每一种生物形体的发育和塑造中都有基因调节的参与。如果我们不能理解新的基因调节如何出现，也就无法完全理解新性状的进化如何完成。

虽然无论生物多复杂，它们的形态和功能都受到基因调节的控制，但是对其的研究最容易在简单的单细胞生物中开展，比如细菌。两名法国遗传学家，弗朗索瓦·雅各布（Francois Jacob）和雅克·莫诺（Jacques Monod）正是借此获得了诺贝尔奖。他们的工作开始于 20 世纪 50 年代，当时 DNA 双螺旋模型刚面世不久。他们主要阐明了原始的细菌，比如大肠杆菌，如何通过调节基因的表达使自身获得代谢乳糖的能力。

基因表达始于一种复制分子，我们在第 4 章埃里克·海登的实验中简单介绍过类似的连接酶。这种复制分子是一种聚合酶，能够催化合成聚合物，也就是由许多更小的单位构成的长链分子。在基因转录为 RNA 的过程中，这些基本的单位分子就是 4 种不同的核苷酸。当 RNA 聚合酶要转录一个基因时，它会首先黏附到目标基因的 DNA 上，并沿着 DNA 序列一个碱基一个碱基地滑动，同时合成一条 RNA 链，它的碱基对序列和目标基因的完全对应。细菌正是通过这种方式合成了它们的乳糖酶变体，我们称之为 β-半乳糖甘酶（beta-galactosidase，这个酶的名字非常拗口，所以通常会缩写为 beta-gal）。它会把乳糖分解为结构相对简单的葡萄糖和半乳糖，而后其他酶再利用这两种糖摄取所需的能量和碳原子。

细菌以一种称为转录调节因子（transcriptional regulator）的分子控制 β-半乳糖甘酶基因的转录。通常情况下，调节因子的作用只有一个：它占据着某个基因相邻的一小段 DNA。细胞内的液态环境中漂浮游荡着无数这样的调控分子，一旦它们遇上特定的 DNA 序列，即一段 DNA "指令"，就会与之结合。不同的调节因子识别的序列也不同，β-半乳糖甘酶的调节因子识别的序列为 G-A-A-T-T-G-T-G-A-G-C。

与酶一样，让这种识别成为可能的同样是依靠蛋白质分子的空间折叠。调节因子与相应的 DNA 需要在形态上互补，就像能够互相拼接的乐高积木。

这个比喻很形象，但是并不太贴切，因为性状并不是互补的关键。确切地说，相互靠近的两个分子必须发生相应的形变，否则就无法发生互补。另外，乐高积木只有 10 多种不同的形状，而分子的形状则丰富得多，蛋白质有数万种不同的结构，而 DNA 的结构数量则更在这个之上，几乎和人类语言中所有的词汇数量相当。

除此之外，与乐高积木不同，许多分子的形状改变是自发的，不仅像酶一样发生在平时的分子震动中，同时也发生在分子间相互结合的时候。这种形变就像你用正确的钥匙开锁：只有在正确的钥匙插入的时候锁芯才会转动，门才会打开，只不过在分子中，是热能而不是钥匙在转动"锁芯"。

像乐高积木一样的调节因子在以一种最简单的方式调整 β - 半乳糖甘酶的合成：它识别的关键词恰好在多聚酶转录的起始位置，调节因子与之结合抑制了多聚酶的作用（如图 5-1 的上半部分所示）。当环境中没有乳糖分子存在时，调节因子（R）与"关键词"结合并阻止多聚酶（P）读取基因序列，于是基因就处于关闭状态。

为了能够利用乳糖，当环境中出现乳糖时，细菌必须找到去除转录障碍物的方法。如果说调节因子不仅能够与特定序列的 DNA 结合，还能与其他分子结合，就像一块乐高积木可以与其他许多积木拼接，那么细菌利用乳糖的能力就更好理解了。所谓的其他分子，正是乳糖。当作为钥匙的乳糖插入到作为锁的调节因子里后，后者的分子形状就会发生改变（如图 5-1 中的菱形）。产生形变的调节因子从 DNA 上脱落，这时多聚酶就能自由地进行转录，一个接一个碱基将其转录为 RNA，然后再经过细胞翻译，量产出 β - 半乳糖甘酶。总而言之，只要周围的环境中还有乳糖，β-半乳糖甘酶基因就可以被激活，继而被合成，否则由于转录受到阻碍，乳糖酶基因将再次关闭。

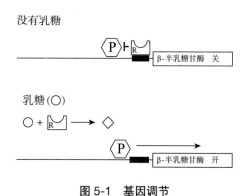

图 5-1　基因调节

β-半乳糖甘酶是一种了不起的酶，但"天下没有免费的午餐"。一个表达 β-半乳糖甘酶的细菌体内可不会只有几个 β-半乳糖甘酶蛋白质，而往往会有 3 000 多个 β-半乳糖甘酶分子，合成它们中的每一个都需要超过 1 000 个氨基酸分子，合成的原料和能量都需要细胞提供。按照常识，细胞应当对 β-半乳糖甘酶的合成进行调节以避免浪费原料，不过我们不能仅凭直觉揣测大自然的想法，不然生物学家们可就都要失业了。由于同一时间内有细胞在同时合成数百万个不同的分子，所以持续合成 β-半乳糖甘酶的消耗很可能微不足道。此外，让基因长期处于激活状态还有一个好处，那就是当环境中突然出现乳糖时，细菌能够在代谢上抢得先机。

2005 年，以色列魏茨曼研究所（Weizmann Institute）的埃雷兹·德克尔（Erez Dekel）和尤里·阿龙（Uri Alon）希望能够弄清表达 β-半乳糖甘酶的确切消耗。他们欺骗细胞，让它们以为周围的环境中有乳糖，实际上却并没有。即便如此，细胞依旧激活了 β - 半乳糖甘酶基因，如果这种浪费足够显著，它将会在细胞的分裂速度中有所体现。事实上也的确如此，它们的分裂速度降低了数个百分点。打个比方，这就像资金周转不畅的开发商在房屋施工的时候，非要修一个他并不需要的游泳池，游泳池占用了他的资金和物料，最后只能牺牲室内的装潢。相比之下，另一个更优秀的建筑商会尽快完工，卖掉房子之后再建新的房子，而此时上面说到的那个开发商还在为游泳池里铺什么样的瓷砖而头疼。

仅仅几个百分点的工程拖欠似乎算不上什么大事，对于大肠杆菌 20 分钟左右产生一代的分裂速度而言，一分钟的差距好像不足为奇。但是这一分钟的延迟从长远来看却是致命的。如果一个菌群中有 50% 的细菌存在这一分钟的缺陷，80 天之后，存在缺陷的细菌数量将不足 1%，而 300 天之后，这个比例会降到百万分之一以下。它们很快就会不可避免地被繁殖相对较快的同类排斥殆尽。**自然选择向来雷厉风行，不讲人情。**

如果调节能够避免不必要的浪费，那么它应当无处不在。事实上也的确如此。想象一下，一个包含数百种生化反应的代谢，如同数百条互相连通的管道，而乳糖代谢只是其中之一。营养物质流入管道，而流出的则是生物质。每一条管道都有一个专属的水泵，作为水泵的酶分子会推动原料分子通过管道，细胞能够根据自己的需要调节每一个水泵的工作。如果细菌在土壤里发现了新的食物，比如一个掉落的苹果或一具腐烂的尸体，它们就会打开对应水管里的水泵。一旦营养物质消耗殆尽，水泵就会被关闭。此外，如果环境中某些营养物质的供应增加或减少，细菌还能够将水泵的速度调节到恰当的大小。

β - 半乳糖甘酶的基因表达能够被调节因子抑制，而其他基因的调节方式则正好相反：这些基因平时也处于关闭状态，只有在需要的时候才会被激活，即它们的调节因子帮助基因在需要的时候进行转录，而在不需要的时候抑制多聚酶结合。虽然转录水平的调节是所有调节中最重要的，但它并不是唯一的调节方式。细胞还能够调节 RNA 翻译成蛋白质的速度、蛋白质的活性、蛋白质的寿命等。调节方式的多样性大概最能够用来说明调节本身的重要性：生命会在 10 多种不同的水平上进行调节。

我们在这里想象一家高档餐厅的厨房，厨房的食品储藏室里整齐地摆放着各种蔬菜、肉类、鱼、食用油、香料以及调味料。这些食材足以用来烹制任何你想吃的菜品，从家常小炒到异国风味，每一种都色香味俱全，厨师长还要求厨房能够 24 小时进行供应。调节因子在细胞内扮演的角色之一就像这个厨房里的抠门经理，勒令厨师只能按需取用食材，不忍心把钱浪费在哪怕一个额外的马铃薯上。

不过调节因子扮演的角色不只是经理，还同时兼任厨师长，手握决定每天食谱的大权，指导其他人哪里应该加入一量杯的豆子，哪里应该添加两量杯的鸡汤，哪里又需要少许盐，然后用 350 摄氏度的烤箱烤制 30 分钟。这里所说的食谱，正是基因组中每一个基因精密的表达方式。基因的正确表达可以使细胞内每一种蛋白质的数量都保持在恰当的水平。

考虑到生命的复杂性，把一条蓝鲸的基因表达和一个蛋奶酥的配方相提并论，多少显得有失公允。任何一种细胞内的蛋白质成分都远比最精致的料理复杂，数千种蛋白质分子的数量和合成时机在细胞内受到精确调控，哪怕技艺最精湛的五星厨师都对这种火候的控制望尘莫及。不仅如此，进化还在孜孜不倦地研究着新的"菜色"，细胞、组织、器官乃至整体的新性状，都是不断变化的、庞杂的调控系统的产物。

生物调控是发育生物学研究的议题，发育生物学是生物学中研究一个细胞如何发育为一个生物整体的分支学科。发育的过程十分神奇。发育生物学试图解释生物体内的细胞为何不仅仅是一坨松散无形的囊泡，而是能在动物体内发育出如心、肝、肺、脑等器官，在植物体内发育出根、茎、叶、花等构成。

每种器官都有高度精专的分工，并含有许多特异的细胞种类。以你的心脏为例，其中的细胞就包括泵血的心肌细胞、将心肌细胞联络在一起的结缔组织细胞，以及像龙舟上给桨手们提供挥桨节奏的鼓手那样，通过电信号控制心脏搏动节律的起搏细胞，这些都是心脏特有的细胞类型。那么这些特异的细胞是如何从同一个受精卵分化而来，又如何在恰当的时间和位置发生分化的呢？一个细胞要如何知道自己应当分化成起搏细胞，而不是一个神经元或者干细胞呢？

答案就是调控，调控指导着所有生物的发育。多细胞生物体内的细胞通过合成特异的蛋白质完成相应的分化。我们体内的每个细胞都包含有人类全部的基因，细胞的区别源于它们选择性表达的基因。肌肉细胞能够表达马达蛋白，这种小小的分子机器是肌肉细胞能够收缩的关键，所以几乎所有种类的肌肉细胞都表达这种蛋白质。人类的眼睛内有一种透明蛋白，能够透光并将光聚焦到感光的视网膜上。软骨细胞能够表达胶原蛋白和弹性蛋白，作为缓冲物以防止关节骨之间过度的摩擦和损耗。

已分化细胞和特异蛋白之间的关联并不简单，虽然不同的分化细胞的确各自表达着独特的蛋白质，但蛋白质并不能代表细胞的种类。实际上，任何蛋白质都会在多种细胞中表达。眼睛内的玻璃体，即位于角膜和视网膜之间的透明胶体，其中的胶原蛋白与软骨细胞合成的无异；肱二头肌肌肉细胞与心肌细胞合成的马达蛋白同样别无二致，类似的例子不胜枚举。决定一个细胞"身份"的不是某一种独特的分子，而是分子指纹（inolecular fingerprint），即一个细胞内所含有的数百种蛋白质的组合方式。所以新的细胞种类就意味着新的分子指纹，也就是调控下的基因表达的新形式。

对细胞分化起关键作用的基因往往在许多不同类型的细胞中都能表达，所以对这些基因的调控往往需要多个开关。在图 5-2 中这些开关以小的矩形方框表示，每一个矩形的方框都代表一段不同的关键词，每个关键词都有与之结合的调节分子（图中的其他形状）。典型的例子有编码晶状体蛋白的基因，这是眼内晶状体分子指纹中的成员蛋白之一，正是依靠它我们的眼睛才能进行聚焦（我们会在第 6 章对这个基因展开更多讨论）。

晶状体蛋白至少有 5 个调节分子，Pax6 就是其中之一，它通过结合在基因附近的区域决定基因表达与否。有的调节因子与 DNA 结合紧密，所以能够强烈影响基因的表达；而有的则结合疏松，对转录的影响也就相对较弱。调节分子对多聚酶转录基因的干预，就如同内阁议员们向国王进谏施压。有的调节分子倾向于抑制基因表达，有的则倾向于激活；有的对基因表达影响重大，有的则无足轻重，所有调节因子的效应总和决定了基因表达与否。

图 5-2　一个基因与多个调控分子的对应关系

那么是什么在调控调节因子？很简单：其他调节因子。图 5-2 中调控基因的所有调节因子本质上都是蛋白质，和其他所有蛋白质一样，它们都由各自的基因编码，而基因则受到调节因子的调控。调节晶体蛋白表达的 Pax6 不仅在晶状体内，也同样在角膜、胰脏以及发育中的神经系统内表达，它的表达受到多种调节因子的共同调控。那么如何调控这些调节因子呢？当然是再依靠其他调节因子。那么调节因子的调节因子呢？当然是依靠新的调节因子。所有这些调节因子形成了一条花环链，调节分子之间的级联关系如图 5-3 所示。

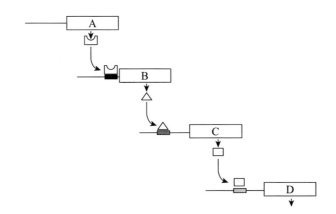

图 5-3　调节因子级联图

一眼看去，图 5-3 中的级联关系已经足够繁杂了，不过现实中的基因调节远比这复杂得多：调节因子之间的相互调控不仅是线性的，甚至可以是环形的。图 5-4 示意了 5 种调节因子基因之间形成的环状调控通路，5 种基因依次用小方块和方块里的 A 到 E 表示。出于简便考虑，图里没有画出调节因子在 DNA 上的识别位置，只标出了调节因子之间相互调控的关系，黑色的箭头意味着调节因子能够激活目标基因，而灰色的直线则表示调控因子会抑制目标基因。简而言之，这些基因之间能够相互促进或者抑制。图中的虚线则表示情况更加复杂的关系：每种调节因子还掌控着其他数百个基因的命门，它们都不在这个环里。

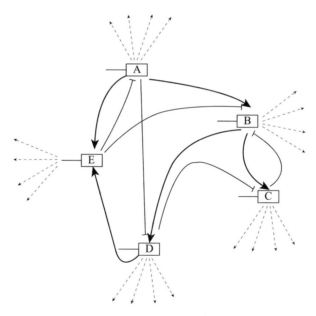

图 5-4　环形调控回路

Pax6 基因正是这种环形回路里的一员，它的变异会引起严重的后果，也反映出调节环路的威力：人类具有 Pax6 基因缺陷会导致先天性虹膜缺失，同时伴有晶状体浑浊以及视网膜退化，从而致盲。作用与 Pax6 类似的基因在许多动物身上都扮演着相同的角色，包括老鼠、鱼类和果蝇，虽然它们的眼睛与人类相比在结构上有着天差地别。果蝇体内的"Pax6"被称为 eyeless，顾名思义，没有 eyeless 基因的果蝇无法发育出眼睛。不过当果蝇体内的 eyeless 过剩时，结果更惊人。生物学家在果蝇胚胎内原本不会表达 eyeless 的部位激活了这个基因的表达，结果是果蝇在触角、腿部甚至翅膀上都发育出了眼睛。

图 5-4 看起来有点像工程师画的布线图。考虑到基因的不寻常性，即便基因之间并没有线条把它们连接起来，这样的比喻也还算合理。类似的布线图是一种记录环路基因型的简洁手段，其中包含编码调节因子的 DNA 以及调节因子识别与结合的关键词信息。只需要简单一瞥，你就能知道图 5-4 中的基因 A 能够激活基因 B 和 C，而 D 能够抑制 C 等。在活细胞内，基因之间的相互激活和抑制构成了一部交响乐，每一个基因都相当于一种乐器，它们跟随着相互之间的旋律与节奏演奏，直到整个环路达到平衡——就像复调闭和弦，环路中所有基因的表达都不再变化。

在这个平衡点上，环路内有的基因被关闭，而有的则被激活。举个假想的例子，图 5-4 中的 A 和 C 基因可能在平衡后处于激活状态，而 B、D 和 E 则会被关闭。所有基因的开闭状态（例如，"开""关""开""关""关"）被称为"基因表达谱"（gene expression pattern），由于环路里的基因调控着许多其他基因的表达，所以基因表达谱除了是环路本身的表现型，同时也决定了细胞的分子指纹。基因表达谱是又一种无法被直接感知，只能通过精密设备进行测量的指标。但它又与最明显的表现型有关，即生物躯体的形态。于是，想要新的生物形态首先要有新的基因表达谱。

基因调节环路塑造了千奇百怪的生物形态，从聚集在腐烂水果上的果蝇到遍地丛生的拟南芥，再到斑马鱼——一种身长不到 10 厘米、全身布满条纹的淡水鱼。这几种生物都非常不起眼，但是有两个特征使它们成了研究发育的理想实验对象：它们身形娇小且繁殖迅速，能够让我们在短时间内研究大量的个体样本。

我们从它们身上学到的一点是，调节环路对身体形态的调节速度非常快，令人难以置信。黑腹果蝇（drosophila melanogaster）的幼虫在果蝇产卵后的 15 小时之内就会孵化，紧接着在 7 天之内就会完成化蛹和变态，发育为成年果蝇。一个生命从无到有只需要 15 个小时，还可以独立捕食、爬行、在世间游荡，这也就难怪成千上万的科学家殚精竭虑想要弄清楚果蝇的基因到底是如何工作的。

果蝇的身体主要有三个组成部分，这三部分又可以再细分为 14 段体节：头部为单独的一部分，胸部占三段体节，腹部占 11 段，每一段体节各司其职，负责爬行或是生殖的功能。对于大多数人而言，果蝇既不漂亮也不高贵：这种卑微的虫子根本无法与翅膀华丽的鸟儿，抑或与雄伟的巨型红衫相提并论。不过，14 段体节和它们的作用对于果蝇来说，犹如哥特式教堂的飞扶壁和帕提侬神庙的多立克柱式，科学家研究体节得到的启迪堪比在生命科学任何其他领域的所得。直到今天仍然有许多人，从学习生物学的高中生到诺贝尔奖得主，都还在研究果蝇的体节。体节是研究基因调控的理想素材，体节研究中得到的许多原理在其他动物体内同样适用。

果蝇在产卵前会在卵内植入一些短小的遗传物质片段作为化学信号，帮助幼虫发育。这之中就包括一种名为 bicoid 的基因的 RNA 转录产物，利用它，果蝇卵能够翻译出一种 bicoid 蛋白。（没错，研究果蝇的生物学家在取名的时候通常没那么讲究。）bicoid 蛋白集中在受精卵的前部和将来会发育为果蝇头部的位置。bicoid 蛋白就像一滴坠入水里还来不及扩散的糖浆，它在果蝇受精卵内的浓度在离开前端之后呈现迅速衰减态势。

除了 bicoid 之外，果蝇妈妈还在受精卵的前端留下了几种其他基因的 RNA 转录产物，同样的道理，受精卵的后端也有独特的化学信号，在离开后端之后它们的浓度也迅速衰减。果蝇妈妈的工作完成之后，胚胎的每一个部分都会拥有自己独特的调节因子组合，如同条形码一样，独一无二。

当一个精子与卵子相遇，受精卵便会形成并开始分裂。胚胎发育中会根据母亲留下的 RNA 分子决定合成蛋白的种类。在每一个胚胎子细胞内，蛋白质的合成数量都由母亲预留的 RNA 决定。而这些胚胎中早期合成的蛋白质正是决定其他基因开闭的调节因子，某个基因的开或关取决于对应调节因子的数量。举个例子，如果一个基因的激活因子只在受精卵的前端十分丰富，如 bicoid，那么这个基因只会在受精卵前部被激活表达。

在早期调节因子调控的基因中有一些比较特殊，它们本身也是调节因子，用来激活别的基因，而进一步激活的基因中又有一些是编码调节因子的，以此类推。不仅如此，调节因子之间还会逐渐形成相互调控。最复杂的调控环路中涉及多达 15 种不同的基因，这个环路里的基因均执行着我上面所说的相互调节，结果是有的基因最终得以表达，而有的则没有，形成了自己独特的基因表达谱。

调控环路中有一种格外特殊的蛋白质，名叫齿状蛋白（engrailed）。经过与别的基因相互作用和影响，齿状蛋白在胚胎里呈现高度规律的间隔表达。果蝇胚胎中有 7 个区域表达齿状蛋白，另外 7 个则不表达，两种区域间隔分布，形成了果蝇体节最早的划分依据。接着，齿状蛋白以及别的调节因子继而控制其他基因表达，决定一段体节究竟是发育出腿，还是萌出翅膀，抑或是参与构成腹部。

上面的过程以及更多没有提到的变化都发生在数个小时之内。不过果蝇胚胎受到发育生物学家们的普遍青睐，不仅仅是因为它的发育速度：在果蝇体节完全形成之前，胚胎细胞之间还没有被彻底分隔。换句话说，分子在成长的胚胎里能够自由出入不同的细胞。而对于大多数其他物种而言，胚胎细胞在受精后几乎会立刻与别的细胞分隔，这让细胞间的交流通信变得异常困难。

当然这并不意味着根本不可能。男性的生殖器官阴茎和阴囊就是一个典型的例子。当男性胎儿发育到 8 周的时候，一小簇睾丸间质细胞（leydigcells）就会在将来发育出性器官的位置附近释放雄性激素。雄性激素中包括睾酮等对塑造性器官至关重要的激素，激素会指导周遭的细胞向阴茎和阴囊分化，并在日后分化出精子细胞。雄性激素从睾丸间质细胞内被分泌出来后会进入细胞之间的空隙，雄性激素的分子结构能够让它随意穿过细胞膜，进入另一个细胞内。

在新细胞内，雄性激素的受体，即一种能够识别雄性激素分子形状的特殊蛋白质，早已等候多时。当两者相遇时，受体分子的形状就会发生改变，形成一把分子锁。蛋白质的形变让它能够识别 DNA 上的某个关键词，并激活相邻的基因。雄性激素受体能够激活许多不同的基因，其中就包括某些调节因子，它们在雄性器官内维持着数百个基因的激活状态，正是这些基因赋予了男性生殖器官中的细胞独特的分化性质。

从果蝇到人类，胚胎发育的每时每刻，所有组织内都在发生类似的信号交联，涉及的信号分子数以百计。正是在这种超乎常人想象的信号交流过程中，细胞得以确定自己的位置和命运，就像表达 bicoid 的细胞们"知道"自己位于胚胎的"头等舱"一样。基于同样的原理，细胞在信号指令的操控下分裂、移动、膨胀、收缩并变得扁平，最终完成细胞分化和生物塑形。不管何时，当细胞需要发生分化，生物形态需要进行重塑时，都逃不过细胞对信号分子表达的调整。

如果我们能够弄清从果蝇到人类胚胎发育的调节方式，我们就能预测器官、组织和细胞的形成，以及为何不同的生物在外形上千差万别。如此，真可谓大功一件。然而不幸的是，环路体系的表达谱着实庞杂，即便像图 5-4 中画出的经过简化的环路依旧十分复杂。如果说 A 能够激活 B，而 C 却抑制 B，B 能够激活 C，而 D 则抑制 C，那么我们很难一眼看出各个基因最终的表达情况。实际情况是，许多现实中的环路含有的基因数量比图 5-4 要多得多，数十种调节因子像尼龙绳一样相互交织，繁复程度远远超过我们大脑的处理能力。不过也不是毫无办法，我们还有能够利用数学运算模拟环路内分子关系的计算机，与我们的碳基大脑不同，科学家可以依靠硅基大脑的算法，预测环路内所有基因最终的基因表达谱。

　　曾经有一名杰出的计算机科学家耗费毕生精力试图完成这项工作，他的名字叫约翰·瑞尼茨（John Reinitz）。20 世纪 90 年代，当我还是耶鲁大学一名研究生的时候见过约翰。他比我年长儿岁，大家都称他为怪胎，在那个抽烟并不光彩的年代，他时刻烟不离手。即便是在星期五便装日，他也衣冠楚楚，一丝不苟。他开着一辆古董级的大众甲壳虫，后座上堆满了垃圾食品的包装盒。约翰叛逆、不拘小节，他敢于挑战主流的勇气对他的研究来说简直是无价之宝。

　　当时有许多科学家在研究果蝇的胚胎，而计算机对于他们的价值仅限于写论文。多数人研究果蝇主要是通过改变 DNA 与编码的基因，或者是在实验室里控制某种调节因子的表达，然后观察这些改变对于体节发育的影响。这些科学家的实验同样多产：其他的暂且不论，他们在果蝇基因组中找出了数千种与胚胎发育有关的关键基因。但是对于理解整个表达环路中的基因表达谱而言，单个基因在整体中显得微不足道，实验科学家们一次只能针对一个基因的研究手段注定收效甚微。虽然今天科学界已经普遍接受了这项技术，但是在 20 世纪 90 年代早期，约翰试图用计算机模拟果蝇的想法根本不被一众科学家看好，甚至遭到了少数人的无视及鄙夷。

　　约翰的想法有点像建造一台飞行模拟器，后者对于培训空军和商业飞行员来说不可或缺，它不仅可以模拟整套驾驶舱的操作机械，还能够模拟飞行中受到的气流干扰及仪表故障。与之类似，约翰收集了果蝇胚胎早期发育中的各种调节因子，以及它们相互之间调节关系的海量信息，将这些信息代入算法，并在计算机中模拟果蝇发育的过程。就像那些运行效果优良的飞行模拟器一样，约翰的果蝇模拟器也得以顺利运行——这可不是一件容易的事。

果蝇模拟软件能够模拟果蝇胚胎的早期发育，而且运算速度惊人。它能够不断重复运算，直到保证没有任何算法遗漏。正如飞行模拟器能够模拟坠机，除了演算正常胚胎的发育，果蝇模拟器还能模拟基因表达调节异常的情况下，不同基因突变如何导致胚胎发育畸形。

我在这里写的这几行字几乎相当于约翰在过去几十年里花费的全部心血，他在建立果蝇模拟器的过程中受尽了同行的冷漠和蔑视。当我抬手准备拍死一只苍蝇的时候，脑海里经常会闪过他默默奋斗的身影。（然后世界上就少了一只苍蝇。）

除了脊梁骨和脊髓，包括鱼类、哺乳类、两栖类、爬行类和鸟类在内的6万多种脊椎动物在形态上可谓千姿百态。不过，由于所有的脊椎动物都可以追溯到生活在5亿多年前的同一个祖先，所以我们可以说现代脊椎动物的形态多样性都建立在类似的内部结构之上。比如偶鳍，通常一对在躯干前方，一对在躯干后方，用以帮助鱼类在水中推动身体前进并控制前进的方向，陆生动物用于爬行奔跳的四肢正是起源于偶鳍。而某些陆生动物的前肢后来又进化为鸟类的翅膀，比如恐龙。

四肢是陆生脊椎动物进化的关键所在。无论前后肢，都是由结构类似的三个部分构成的，上臂和大腿，前臂和小腿，以及手和脚。人类的手臂与腿部的主要骨骼与马、狗、鹰、蝙蝠、猪、鳄鱼以及其他很多动物的前后肢骨骼基本相同。在进化中，仅仅改变骨骼的尺寸，很多特殊的功能就可以成为可能，例如，相对修长的四肢骨是马快速奔跑的秘诀，而相对较轻的翅骨则有利于鸟类的飞行。

四肢的存在与某个在许多生物体内负责塑造形态的调节因子家族有关，物种跨度从水母到人类。虽然这些调节因子是生物躯体正常发育所必需的，但是编码这些调节因子的基因，即 homeobox 或 Hox，它们的名字是根据它们在同源异形现象（homeosis）中的作用而定的。同源异形现象指这些基因变异后造成的生物畸形，例如畸变的果蝇在头部原本是触角的位置长出了无用的腿。通常来说，改变生物正常的基因表达往往会引起严重的后果。

homeobox 是一种含有 60 个氨基酸的蛋白质，它能够与 DNA 结合从而帮助 Hox 调节因子调控基因的表达。无论是在果蝇还是人类体内，这些调节因子都主宰着其他数百种与细胞、组织以及器官形态有关的基因活动。除了单个基因之外，Hox 调节因子还在调控另一种东西，那就是调控环路。如果你还记得图 5-4 的话，Hox 家族的调节因子参与的调控环路要比图 5-4 里的例子复杂得多，因为动物细胞中的调控环路通常包含 40 种乃至更多种调节基因。类似的环路往往是决定动物身体形态的关键，其中也包括人类。人类脊柱中的 33 块脊椎骨以及它们独特的形态，即脊椎颈部的前两块骨头构成一个灵活的关节，12 块胸椎与肋骨结合处的关节槽等，就是典型的例子。

胎儿在子宫内发育的时候，Hox 基因家族就已经在调控颈椎、胸椎和腰椎的基因表达了。每一个部位的 Hox 家族各个基因的开与关就构成了这个部位的基因表达代码（gene expression code），不同部位的表达代码各不相同，某个表达代码代表颈椎，另一个则代表胸椎，诸如此类。

Hox 基因不仅负责塑造人类的身体，它也在其他脊椎动物，例如蟒蛇或任何种类的蛇体内参与形态构建。蛇的独特形态是大自然无心插下的又一根柳条，使得这种生物能够在地面蠕动、在地底穿梭、在水里游弋。某些种类的蛇拥有超过 300 块脊椎骨，它们中大多数的躯体结构与我们的 12 根胸椎无异，也连接着肋骨。Hox 基因家族便是蛇与其他脊椎动物产生形体差别的原因：在大多数脊椎动物体内，Hox 家族只在胚胎的一小块区域内激活胸椎基因的表达，但是当蛇的进化之路在大约 1 亿年前与蜥蜴分开之后，这一小块区域就像拉开的橡皮筋一样扩展开去。指导胸椎形成的 Hox 表达出现在了身体中轴上的大部分区域，使得这些区域的数百个脊椎发育为胸椎，继而造就了蛇独特的身材。

Hox 基因家族不仅在动物中轴骨的形成中起着决定作用——在脊椎动物里，这里所说的中轴骨基本相当于脊椎骨，它们还参与了另一个脊椎动物的结构形成：鱼鳍。鱼鳍并不是一成不变的。在过去的数百万年里，进化通过 Hox 基因家族的变异、优化和分化，逐渐把鱼鳍变成了四肢。不管生物是在地上奔跑还是在天空翱翔，四肢骨的基因表达都可以被划分为相似的三部分，第一部分的 Hox 基因控制上臂的形成，第二部分控制前臂的形成，而第三部分则控制手掌的形成。

某些基因的变异在动物体内导致了可怕的先天缺陷，上述的结论正是来自对这些变异缺陷的研究。比如发育的四肢中如果缺乏 Hoxa11 和 Hoxd11 的表达，那么结果将导致胚胎没有前臂，手掌从手肘的位置萌发出来。同样的道理，如果 Hoxa13 和 Hoxd13 表达缺失，那么胚胎就可能无法萌发手指或手掌。还有一些 Hox 基因表达的缺失则会导致前臂和手掌同时消失，仅有上臂能够正常发育。

当然，正常情况下 Hox 家族的基因都还是恪尽职守的。此外，它们所参与控制的结构数量惊人，从盆腔到颅骨，都离不开 Hox 家族的身影。Hox 基因家庭同样存在于虾、水母、蠕虫甚至是果蝇体内，而且重要程度几乎与控制体节形成的调节因子家族相当。实际上，两者的工作是前后衔接的。当体节家族的成员敲定体节的数量之后，Hox 家族继而决定每个体节的功能，如这个体节负责腿，那个体节负责翅膀等。体节和 Hox 基因家族还只是果蝇和其他动物众多同类型分子家族中的两个，从数亿年前动物出现伊始，这些家族就已经参与到对形态的控制中了。

Hox 基因家族对于动物新形态的诞生至关重要，例如从鱼鳍到四肢的改变；还有新的中轴骨，比如蛇的身体。关于这些新的形态究竟是如何起源的，也许已经随着生命漫长的历史，永远故去在风里了，但是仍然有一条原则亘古未变：**新形态的起源必然伴随调节方式的改变。**

不仅是形态，这个原则在所有新性状的起源里都应该适用。

这里我们可以想象有一条纤细的蜥蜴，它在茂盛的草丛里蜿蜒游走，寻找下一顿美餐。突然它呆住了，因为它发现面前出现了一双巨大的眼睛正死死地盯着它。它意识到自己可能马上就会被眼前的怪物撕成碎片。但在突然之间，面前的眼睛像海市蜃楼一样消失了，只见一对扇动的翅膀乘风而去。原来根本不是什么捕食者，而是一只美丽的蝴蝶和它翅膀上的两个巨大的色斑而已。

蝴蝶的眼状斑点是它的保命伎俩，由一种非同寻常的调节蛋白 distalless
控制。作为调节环路中的一员，除了参与果蝇的腿、翅膀和触角的形成之外，
distalless 还给蝴蝶的翅膀画上了奇异的眼斑。我们之所以能够确定 distalless
和独特的眼状斑点之间的关系，是因为 distalless 在蝴蝶幼虫发育中合成的位
置正好与将来眼斑形成的部位吻合。有的蝴蝶的眼斑十分巨大，有的则相对
较小，有的只有一个眼斑，而有的则有数个。但不管是哪一种，发育中的蝴
蝶都在眼斑的位置上持续表达着 distalless。distalless 合成与眼斑位置的吻合
不是巧合，实际上它的确是眼斑形成的原因：如果把合成 distalless 的细胞移
植到翅膀上的其他位置，最后眼斑也会出现在同样的位置上。

蝴蝶的身体就像一座大教堂，从体节的中殿到眼斑的滴水嘴兽，都是基
因调节一手造就的。基因调节是优秀的建筑大师，不管图纸有多复杂都不成
问题，其中也包括植物以及它们的根、茎、花、叶。第一株开花植物出现在
大约两亿年前，它们的叶子边缘齐整，叶面平滑连续。随着时间的推移，单
叶逐渐进化成深裂叶，一张叶片分裂为许多小的叶片（如图 5-5）。

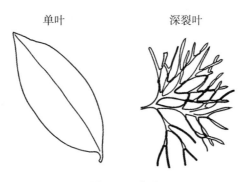

图 5-5　叶形

单叶进化为深裂叶给植物带来了许多优势。深裂叶的表面积比单叶要大，这使得叶片能够吸收更多的二氧化碳进行光合作用，从而促进植物以更快的速度生长。此外，更大的散热面积能够使叶片在炎热的环境里不至于过热，而过高的温度往往会抑制光合作用的速度甚至损伤叶片。如果深裂叶这么好用，我们猜测它可能在进化上起源过不止一次。事实确实如此，仅仅在开花植物的历史上，深裂叶就有过至少 20 次相互独立的起源。

每一次深裂叶的起源都伴随着基因调节的变化。植物在萌发的初期，只有尖部一小块组织内的细胞能够分裂，促进幼苗生长，推动植物向上穿破土壤。这块分裂组织也是一株植物所有的叶子最初起源的地方。在形成肉眼可见的幼叶之前，一小簇细胞，或者叫叶原基，就已经从其他分裂的细胞中分化出来，专门用以形成叶片。叶原基里的细胞都会表达一种名为 KNOX 的调节蛋白。

牛津大学的安杰拉·海（Angela Hay）和米托斯·茜提斯（Miltos Tsiantis）曾经用一种十分不起眼的草本植物——碎米荠（hairy bittercress）进行实验，通过控制植物体内 KNOX 蛋白的合成，他们才发现了这种蛋白质在叶片形成中扮演的重要角色。随着 KNOX 的合成量降低，碎米荠深裂叶的缺刻数量会逐渐减少直至变成单叶。而如果调高 KNOX 的合成，深裂叶的缺刻就会相应增加。不仅如此，他们还发现 KNOX 不仅在碎米荠中，还在许多其他种类的植物体内控制着深裂叶的形成。

上面的那些例子，以及无数我们未提到的事实都反映了基因调节对于生

物进化的重要性。无论是世界上各个实验室的研究记录本，还是各种学术刊物，都充斥着有关基因调节分子的研究，比如植物中的 KNOX、蝴蝶体内的 distalless 以及果蝇的齿状蛋白等。人类的基因组编码了超过 2 000 种不同的调节因子，它们构成了数十个相对独立的调控环路。过去半个世纪的研究已经让我们窥见了基因调控在塑造生物形态中的重要性，它有助于我们理解许多新性状进化的过程，以及性状背后的基因表达代码。

但不论现实中的例子有多丰富，也不过只是告诉了我们蜥蜴的四肢和鱼的鳍在发育中与 Hox 基因家族有关而已，即不同的调节因子表达谱导致了不同的基因表达结果。即使我们找到了新性状与新调控环路之间的关联，也还是无法解释进化是如何找到这些最合适的基因表达的。（调控环路的种类越多，要弄清这些环路的起源就越困难。）另外，由于调控环路在进化过程中时刻积累着微小的变化，如何保持已有的优良基因表达谱就成了一个充满矛盾性的难题。仅有调控促进进化的例子，还是无法告诉我们这个过程到底是如何实现的。

你可能会觉得这个问题很眼熟，其实它的答案也不陌生：我们需要研究尽可能多的调控环路，最好是整个图书馆里的调控基因型和它们的表现型。调节因子图书馆里收录的是编码调节因子的 DNA，以及它们识别的 DNA 关键词。但如果我们直接以这种方式记录所有的馆藏，整个过程将无比烦琐和冗长，就像你要用每一个分子的空间定位来描述一栋房子一样。其实你大可以用一张房子的图纸省下很多力气，就像图 5-4 中的示意图那样。

整个调节图书馆内包含了所有可能的调控通路，换句话说，就是包含了所有可能的图纸。你可能会觉得归档这些内容很困难，但实际上极其简单。调控环路里的任何一个调节因子，比如说 A，如果我们要研究它与另一个调节因子 B 的关系，那么它的影响不过就是 3 种可能中的一种：A 能够激活 B、抑制 B，或者根本对 B 没有影响。对于任何一对调节因子而言都是同样的道理，比如图 5-4 中的调节因子 A 和 C，或者 D 和 E，调节因子能够激活、抑制另一个调节因子，或者毫无作用。

对于所有调节因子来说都仅有 3 种可能性。这个基本的原则能够帮助我们更好地理解图 5-4 中的 5 个基因的调控环路，接下去要做的就是数清这 5 个基因之间有多少种配对方式。图 5-4 中的环路内有 5^2 种配对方式，对于每一对基因而言都有 3 种不同的可能效应。第一对基因有 3 种可能的效应，第二对、第三对也同理，以此类推，直到第 25 对。所以 5 个基因的调控环路的所有可能结果一共有 3^{25} 种，换句话说，由 5 个基因组成的调控环路有超过 8 000 亿种可能。

对于 5 个基因来说，8 000 亿这个数字显得着实惊人，尤其是许多现实的调控环路中包含的基因数量远远不止 5 个。以脊椎动物的 Hox 基因家族为例，它们组成的调控环路里有至少 40 个基因。要计算 40 个基因的调控环路有多少种可能性，我们可以采用同样的方法：首先计算基因的配对数量，为 40^2（1 600）种，然后计算 $3^{1\,600}$。如此大的量级对于我们而言并不陌生，这个数值超过 10^{700}，如果把它印刷出来，那么可以铺满这整页纸。

但请不要忘记的是，虽然这个数字已经超乎常理的大了，但是它和环路数量的实际值相比依旧有差距。因为到目前为止，我们一直假定每个调节因子在调控环路里的作用是同等重要的，一个调节因子要么将目标基因激活，要么将其关闭。事实上，有的调节因子的作用相对较弱，有的则相对较强，作用强弱的差别使得情况大大复杂化了：每对基因面对的可能结果不再是 3 种，而是 5 种：没有作用、弱激活、强激活、弱抑制或强抑制。于是，我们计算的幂底数就从 3 变成了 5。这还没有完。

如果我们有办法进一步区分基因激活或抑制的强弱程度，那么可能的调控环路数量还会继续增加。幸运的是，我所在实验室的研究表明，对于激活或者抑制程度的细分除了数量之外，并不会改变整个图书馆里的组织原则。这是个好消息，说明数量根本没有那么重要，因为光是以 3 作为幂底数，调控环路的数量就已经是超宇宙级别了，再多一些似乎也无妨。

基因调控环路图书馆和它收录的基因型馆藏与我们之前探讨过的代谢图书馆和蛋白质图书馆有诸多相似之处。当基因发生变异之后，我们以添加或是去掉基因之间的线条来表示两者调节关系上的改变。但是请记住，这些线条不是真实存在的，仅仅代表基因之间存在调节关系，而这种关系受到变异的影响。每当你改变其中一对基因的调节关系，你就得到了一个原环路的相邻环路。

图 5-6 中给出了一个例子，由于变异，与左侧的环路相比，右侧环路中的 B 基因不再调节 D 基因的表达（这种调节在左侧由那个粗箭头表示）。每个调控环路都有许多相邻环路，如果是 40 个基因的调控环路，每种环路的相邻环路将达到 3 000 多个。如果我们把所有的调控通路安置在一个超立方体上，每个顶点对应一个环路，再故伎重演，那么寻找相邻环路的过程相当

于沿着超立方体的边从一个顶点移动到下一个顶点。由于超立方体存在于多维空间，所以从每一个顶点出发的边有许多条，与 40 个基因对应的超立方体存在于 1 600 维空间。这个超立方体的顶点数量远远不止 1 600 个，而是达到了 10^{700} 个，这也是图书馆中所有包含 40 个基因的调控环路的馆藏数量。

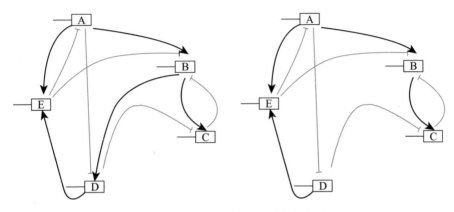

图 5-6　调节环路图书馆中的相邻环路

　　和我们前面介绍过的其他两座图书馆一样，超立方体上的每一个环路都有各自的"社区"，里面包含所有与之在图书馆里相邻的馆藏，也就是仅相差一对或少数几对的调控环路。微小的基因改变，哪怕只是一个 DNA 分子的变异，就有可能建立或是摧毁一对基因之间已有的作用，进化只要抬脚走上没几步，就能从一个书架走到下一个书架并浏览上面的文本。循着相邻基因一直往前，你就会逐渐深入到图书馆内——这样的旅程你已经不陌生了。而在这里，距离的概念变成了两个环路之间连线的差别。越是临近的环路之间差距越小，而相距甚远的环路之间则几乎没有相同的连线，分别位于图书馆中截然相反的两个方向。

　　同样的道理，图书馆里的多数环路基因型是随机的，没有任何意义。但也有一些编码了有意义的单词或句子，只是整体而言依旧词不达意、不知所云，甚至会宣扬恶俗言论，比如变异的 Hox 基因最终将导致没有手掌的残疾手臂。我们这里所说的文字和语言，同样是指基因调节和表达的化学语言，只有细胞和组织真正理解它们，并最终将它们翻译成脊椎骨、叶子或手掌等血肉的语言。而新性状的诞生过程我们在单叶进化为深裂叶中已经多少介绍过了。

　　我们在前面已经探讨了调控环路通过操纵基因表达控制性状的原理。从一套预先存在的调节因子开始，比如果蝇在受精卵内留下的分子信号，后续的调节因子逐渐形成调控环路，并改变最初的基因表达模式。基因在发育过程中开开闭闭，直到抵达某个平衡点，然后就犹如马戏团里的杂技演员们，保持巍然不动。对于马戏团里表演叠罗汉的杂技演员们来说，他们的平衡建立在相互牵制的基础上，这一处的推力在那边相当于拉力，而打破这种平衡状态唯一的办法则是瓦解其中的某个个体。

　　通过多年的研究，我们对于这种平衡的理解已经足够我们演算平衡点了，就像约翰·瑞尼茨的果蝇模拟器。我们已经能够同时考量的环路数目不是一个或几个，而是数百万个，这相当于同时演算整个超宇宙级别的图书馆。

　　我们从一开始就知道环路图书馆里的馆藏数量超出任何人的想象，哪怕是环路的表达谱数量也不是闹着玩的。如果在一个含有 40 个基因的环路中，每一个基因只有激活或关闭两种可能，那么 40 个基因就有 2^{40} 种可能表现型，总值超过一万亿。而现实中一个基因的状态并不是非白即黑的，它可以微弱、中等、强烈或是非常强烈地进行表达。不仅如此，生物形态的造就往往需要多个不同的调控环路协同合作，这也大大增加了表达谱的可能数量。与所有这些表达谱的数量相比，我们体内区区数百种不同的细胞和组织几乎不值一提。如果我们把体内所有的细胞都铺陈出来，让每一个细胞对应基因表达谱中的一种，那么最终将无法容下所有的表达模式。

进化用我们熟悉的随机游走方式探索着调控环路的图书馆，生物种群的形态重塑来自偶然的 DNA 复制错误，这些错误的复制一般发生在亲本将遗传物质传递给后代的时候。 微小的突变通常会导致两种可能的结果，即改变调节因子的形态并阻止它们与 DNA 结合，或者直接改变 DNA 上调节因子可识别的"关键词"——这种改变会阻碍正常的调节因子识别对应的基因，抑制基因表达，同时也有可能令 DNA 被新的调节因子识别。

上述的第一种结果往往会造成灾难性的后果，因为一种调节因子通常可以作用于许多种不同的基因。如果调节因子失去识别 DNA 的能力，相当于把一份食谱里的原料混淆一气，最后做出的料理可想而知，这会导致生物体的严重畸形，甚至胚胎在出生前就会夭折。而第二种结果则更像是食谱里的某个印刷错误，往往只涉及某个基因的表达以及相应的蛋白质数量——它只不过是数千种蛋白质中的一种而已，这使它导致严重后果的可能性变得很小。有人可能会想，生物体对第二种变化的容忍度要更高，因此也更容易在进化的时间跨度上稳定地积累下来。如果当真如此，这些积累的微小变化就能够逐步改变环路里的调控模式。

如果把在过去数百万年中独立进行进化的调控通路拿来比较的话，比如数千种不同的果蝇体内的某几个调控环路，我们就会发现，生物体耐受性最好的变化发生在环路内的基因之间的相互作用中，而不是基因本身。进化的改变总是从某一对基因之间的作用着手，因为直接对基因下手容易造成严重的后果。此外，基因对之间作用的微小影响的确会积累并逐渐改变调控环路，而这个过程十分漫长。改变缓慢的原因在于调节因子的 DNA 关键词通常只有 5 个碱基对的长度，且与下游基因有着数千个碱基对的距离。如果仅凭概率，那么随机突变产生新关键词并由此将两个基因联系在一起的可能性要更大一些。

如果调节环路图书馆中的 10^{700} 件馆藏里只有一个表达谱与 Hox 家族吻合，那么它就如同一根掉进宇宙的绣花针，生物进化大可以早早放弃挣扎。我在 20 世纪 90 年代就疑惑过，为何进化最终还是战胜这渺茫的概率找到了 Hox 家族，不过我并没有把这个问题太当回事，当时的我正为别的研究项目忙得焦头烂额。直到 2004 年，当我在靠近法国巴黎的高等科学研究所进修休假 ① 时，才开始认真考虑这个问题。

高等科学研究所坐落在一个到处是参天古树的田园乡间，那里有着精心修剪的灌木、争相怒放的花朵，还有在思考问题时能够信步的幽静小道，简直是对那些受尽经费申请、社交应酬以及社区活动纷扰的生物学家来说最好的避难所。常驻在研究所内的几个为数不多的科学家都是非同凡响的优秀学

---

① 通常，美国高等院校中教师每 7 年会有一次年假。——译者注

者，他们当中有数名菲尔兹奖的获得者（菲尔兹奖是公认的数学领域的诺贝尔奖）。

研究所主要的研究领域是数学和物理学，但所内的首席科学家们早就注意到了分子生物领域长期以来的停滞不前，他们预见到当前盲人摸象般的研究方式需要一种整体水平的学科进行整合，而这种洞见的产物就是一门分支学科：系统生物学（systems biology）。这个新近出现的研究领域把实验数据和数学、计算机技术结合起来，试图解释分子水平的活动如何作用于生物整体，换句话说，就是微观分子如何构成了宏观生物体。数学家和物理学家手握许多解决这种问题的理论手段，所以研究所邀请了像我这样的生物学家造访，想要看看不同领域的科学家能否联手合作。

我很庆幸当初接受了这份邀请，因为正是在巴黎，我遇见了奥利弗·马丁（Olivier Martin）。

奥利弗是一名享有国际声誉的统计物理学教授，任职于巴黎市郊的奥赛大学（University of Orsay）。像奥利弗这样的统计物理学家，很擅长解决海量微观粒子的宏观现象，比如高压密封罐里的丙烷气体是如何在宏观上产生压力的。对类似压力现象的把控非常重要，谁都不会愿意看到储气罐爆炸，但想要实现也并不容易，因为气体分子和储气罐内壁每时每刻都在发生万亿次的碰撞。统计物理学家乐于把数以万亿计的微观分子看作一个整体，因为单独考量每个个体分子几乎是不可能的，所以他们发明了一套用于研究类似体系的统计方式，算法中包含了复杂的统计学手段。不过我们这里所说的统计分析除了名字之外，与美国大选中民调专家口中所谓的统计分析没有任何关系。

奥利弗也有自己的烦恼。今天的统计物理学就像一家被饿汉们席卷之后的自助餐厅：大多数主要的问题基本都已经被解决了，剩下的都是残羹冷炙，剩下的问题不是太艰涩就是太微不足道，这样的情况从 19 世纪詹姆斯·克拉克·麦克斯韦（James Clerk Maxwell）和路德维希·玻尔兹曼（Ludwig Boltzmann）用统计学开创热力学以来就没有发生过太大的改变。和他所在领域里的众多其他科学家一样，奥利弗非常渴望突破物理学的局限。他的烦恼在于不知道如何在系统生物学领域找到一个难度合适的新问题，让他所掌握的统计物理学技能找到用武之地。

而我却有一座馆藏数量达到 10^{700} 件的图书馆要照看。乖乖，我就是奥利弗的贵人啊！

奥利弗·马丁和我开始合作之后没多久，我就对他感激不尽。他作为科学家的直觉和学术素是为我们探索图书馆最好的保障。不过他可不仅仅是一位旅途中的好伙伴，更是一位亲切慷慨的师长，不时耐心地提点我们，用他掌握的专业技能帮我们摆脱眼前的困境。

我们研究开始的第一步是为了解决一个问题，而这个问题你已经非常熟悉了：某种含义的文本在调控环路图书馆里是不是唯一的？为了找出答案，我们从图书馆里的某个环路开始，模拟和计算这个环路的表达结果。然后我们改变其中一对基因的作用关系，查看这个变异能否改变表现型，接着再恢复到最初的环路，改变第二对基因，依次类推，直到我们检验完所有的相邻环路并得到它们的表现型。为了排除某个调控环路的偶然性，我们选择了许多不同的环路作为起点进行上述的检索，这些环路包含了不同的基因数量、不同的相互作用基因对、不同的基因相互作用以及不同的表现型。

最终，我们得到的结论是一致的。每个调控环路所处的社区里往往包含数十个到数百个表现型相同的相邻环路。也就是说，即使发生基因突变，单个基因对作用关系的改变也不一定会引起调控环路表现型的改变。基因调控环路不像马戏团里杂技演员表演的叠罗汉，不是其中一个个体"差之毫厘"，整体就会"失之千里"。**调控环路的基因型之所以能够耐受这样的突变，是由于并非每一对基因间的关系都对环路的功能有重要贡献。**

从一个环路出发的第一步我们就已经得到了一个重要的结论：没有哪种性状，不管是果蝇的体节、植物的深裂叶还是脊椎动物的脊柱，都是由独一无二的调控环路塑造的。基因对关系不同的调控环路同样能够产生相同的性状。不过我们不知道这些表现型相同的环路到底有多少，在超过 40 个基因的调控环路里筛查所有环路的计算量是我们力所不及的。哪怕是规模小得多的环路，计算量也非同小可：10 个基因的调控环路有超过 10^{40} 种可能性，而20 个基因的环路则有 10^{160} 种。实现同一个性状的基因型远远不止一个。

接下来，为了评估同一表现型的不同基因型在图书馆里的相对距离，我们再一次借助探索代谢图书馆和蛋白质图书馆时用过的随机游走。选择一个起点，模拟环路的表现型，而后改变某一对基因的作用，即添加或者抹掉一个基因对另一个基因的作用，以此移动到相邻的调控环路上，在保证表现型不变的情况下，继续重复上述步骤，直到无法通过改变任何单个基因对维持表现型稳定。

不出所料，我们又能凭借这种方式横穿几乎整个图书馆。基因对差异超过 90% 的两个调控环路依旧能够产生相同的表现型。如果用示意图标记两个环路里的基因联系，你可能永远想不到两者是如何经过一步一步微小的变化而成为对方的。但它们的确指向了某个问题的答案：如何产生某种特定的蛋白质指导细胞特定的分化。

为了确保结果具有代表性，包括我们模拟的表现型，我们尝试了以各种不同的环路作为起点，不同的环路基因数量、不同的基因间关系数量、不同的作用关系以及不同的基因表现型，而这些对结论都没有影响。某些环路虽然差异巨大，但是表现型却相同，最小的差异只有"区区"75% 而已。但是"如此小"的差异依旧很难让人联想到它们之间居然还存在着联系。

进化还告诉我们，所有图书馆中表现型相同的调控环路是相互联系的。 我们可以以它们中的任意一个作为起点，通过一次改变一个基因对并保证性状相同的方式，检索到表现型相同的任何其他环路。和在代谢图书馆以及蛋白质图书馆里一样，我们在环路图书馆里又找到了一种从一点走到几乎任意一点的方式，而不至于迷失和身陷在无意义的环路泥潭里。

于是，调控环路图书馆里所有表现型相同的调控环路也形成了一张巨大的网络，类似的基因型网络我们已经在代谢图书馆和蛋白质图书馆里接触过了。调控环路图书馆里充斥着这样的网络，每一个网络里都包含了数不清的环路，零散分布在图书馆各个角落。同一张网络里的每个调控环路都有相同的作用：指导特定的基因表达谱，帮助特定的细胞、组织或器官分化。一张网络中只有包含足够数量的调控环路，不起眼的深裂叶新性状才有可能在进化史上不断重复上演。

如果没有计算机的帮助，通过对数百万个环路的模拟来理解环路图书馆几乎是不可能的，这意味着数百名实验科学家必须要花费数十年，在数百万种果蝇身上完成实验，才能理解一种调节果蝇体节分化的基因环路。但是，的确有一些胆识过人的科学家在某些更低等的物种身上进行这种研究工作，他们的研究对象是细菌和真菌。巴塞罗那科学家马克·艾莎兰（Mark Isalan）就是其中之一，他在大肠杆菌的 调节因子基因间构建新的联系，创造了数百种大肠杆菌环路的相邻调控环路。和我们的演算结果一样，他发现调控环路对于内部基因的关系变化具有相当的耐受性。他在大肠杆菌身上构建的改变中有 95% 没有引起任何功能性变化。

还有科学家比较了多种啤酒酵母体内的调控环路，想知道它们之间的差异究竟能有多大。这种调节环路的其中一个作用是激活消化乳糖的乳糖酶基因。你可能会想，类似的调控环路应当具有某些共同特征，只有找到发现和运用这种特征的真菌才能拥有相应的代谢能力，并把这种能力稳定地遗传给后代。而事实并非如此。以两种进化道路在数百万年前就各自独立的真菌为例，不仅它们的调控环路完全不同，甚至于参与环路的调节因子都不一样。两种调控环路不分高低，如若不然，它们也无法同时保留至今。自然界以两种不同但是同样有效的方式解决了同一个问题。不仅如此，用于功能相同或不同的调控环路之间，也被一步步微小的变异联系在了一起。

核糖体能够将 RNA 翻译为蛋白质，编码这种分子机器的基因向我们诉说了同样的故事。细胞在高速合成蛋白质的过程中，必须精确控制不同蛋白质间的数量平衡，不然就可能会像过量合成无用 β - 半乳糖甘酶的大肠杆菌那样破裂死亡。维持这种精妙的平衡似乎很难，很容易让人误以为只有某种最佳的解决方式才能实现。但是实际上，有两种不同的真菌分别以两种完全不同的调控方式实现了这种平衡。

类似的例子向我们展示了生物对调控环路图书馆的深入探索。但是物以稀为贵，在寻找新颖和高效的表达谱的过程中，生命面临着它们在探索代谢图书馆和蛋白质图书馆时就曾遇到过的同样的难题：环路图书馆里有数万亿种不同的调节环路，但与某个环路直接相邻的社区中却最多只有几千种环路，以这种方式寻找新的基因型效率着实低下。

为了获得尽可能多的新性状，调控环路的进化必须设法跨出所在的社区。这种探索图书馆的方式只有在不同的社区间存在巨大差异的情况下才能收益最大化。为了验证事实是否如此，我们让计算机从一张基因型网络中随机挑选两个调控环路，姑且称之为 A 和 B，它们的表现型相同，但是环路结构天差地别。接着，我们再找出它们各自所有的相邻环路，并分别演算它们的基因编码。我们发现，在 A 环路与 B 环路所在的社区中，大多数相邻环路所控制的基因表达谱都不相同，更不要提 A 环路和 B 环路本身在基因数量和基因关联上的巨大差异。不同社区中的环路往往表现型也不同。

于是我们的故事又回到了熟悉的套路上。环路图书馆的布局与代谢图书馆和蛋白质图书馆类似。我们把指导相同基因表达谱的调控环路安置到一张巨大的基因型网络里，对于在这张网络里漫无目的游荡的读者而言，他们只能象征性地在"换汤不换药"的馆藏里寻找新书。真正推动生物进化的动力恰恰是无头苍蝇一般的随机突变，调控环路在稳定积累的微小变异中逐渐改变：虽然某些突变葬送了整个调控环路，但依然有一些突变在保留环路功能的基础上把生物推向了不同的基因型社区，获得了新的基因表达谱，而总有一个表达谱会为下一步生物形态的重塑埋下伏笔。我们再次看到，基因型网络中多样的基因社区成为新性状出现的关键。

不同图书馆之间的这些共同点让人捉摸不透。为什么代谢、蛋白质和调控环路图书馆中的新性状有着相似的起源方式？为什么不同的图书馆却有着十分类似的分类体系？这些问题的答案是一只看不见的手，它早在生命出现之前就在引导着世界万物的进程。这只手是自组织，而生命的自组织作用显得尤为奇特，接下来我们就回到这种作用上。

ARRIVAL OF THE FITTEST

06
神秘的建筑师

Solving Evolution's

Greatest Puzzle

多变的环境催生了生物的复杂性，而复杂性促成了发育稳态，发育稳态继而造就了基因型网络，后者让进化成为可能，使得生物能够通过演变适应环境的变化、提高自身的复杂性，循环往复，生物进化通过这种方式螺旋上升。这种进化方式的核心在于处在多维空间的基因型网络的自组织性。自组织性是生命绚烂光彩背后的支持者，它是隐藏的生命建筑师。

1944 年，诺贝尔物理学奖得主、理论物理学家埃尔温·薛定谔（Erwin Schrödinger）出版了《生命是什么》（*What is life*），书中收录了他所做的一系列演讲。在那个沃森和克里克还没有发现 DNA 双螺旋模型的年代，薛定谔已经开始尝试从物理学的角度解释所谓的生物进化。《生命是什么》一书虽然篇幅不长，但是充满了真知灼见。这些洞见中有一个一直受到主流科学界的广泛认可：进化增加了有序性，减少了无序性，或者用薛定谔自己的话说，叫"负熵"（negative entropy）。

4 年后，美国电气工程师克劳德·香农（Claude Shannon）把本来只在热力学领域使用的概念"熵"（entropy），借用到了电报的信息传输精度问题中。于是，进化和信息之间的关系就被建立起来了，只不过这种关系的表述非常简单粗糙：无序——不好，有序——好；正熵——不好，负熵——这时候也叫信息——好。

自从薛定谔出版了《生命是什么》，我们对熵的理解就开始变得更加复杂而严谨。有序性和信息传递一直都是生物进化的中心议题，但是近几年来，基于对基因型网络的认识，我们发现，完美的有序性和彻底的无序性一样，对生物进化而言都有害无益。无序性对自然来说并不一定意味着负担，它同样可以帮助自然界的生物发现新的代谢方式、新的调控环路和新的生物大分子。简而言之，无序性也可以帮助生物进化。

我们再拿乐高积木来打个比方。乐高积木可以根据孩子的想象力随意拼接，当然，这些我们熟悉的塑料块也可以根据预先设计好的"图纸"拼出特定的形象。例如乐高公司可能会给孩子们提供一张图纸，只要他们按照图纸上的步骤就能拼出一艘海盗船。无序的拼接比照搬图纸更有可能创造出新的形象，这种潜力一方面要归功于孩子们丰富的想象力，而另一方面则是因为乐高积木有许多可能的海盗船拼法，远远不止说明书上列出的那些。

同样的原理在生物学上表现为自然界的基因型网络，即相同表现型的不同基因型集合，比如鳕鱼体内的抗冻蛋白。在更隐晦的层面上，基因型网络的存在牵涉到一个广泛存在的生物学概念，但是这个概念曾长期被人忽视，直到 20 世纪末才引起科学家的注意，这个概念就是发育稳态（robustness）。发育稳态指面对外界环境时生物体保持自身特征稳定的能力。

要理解生物学中发育稳态的真正含义，最好的例子莫过于把传统印刷出版物和计算机程序中的输入错误进行比较。如果在一本书里看到这么一段文字：

N smll stp fr mn, n gnt lp fr mnknd[①]

读者可能会眉毛一扬，然后若无其事地继续往下读，因为对于一本书而言，

---

① 这段为字母乱码，无实际含义。——译者注

这么一小段文字乱码几乎不会影响对整本书的理解和阅读体验。然而在计算机程序里就不一样了，对于动辄几千行的代码来说，不要说字符，哪怕是一个逗号的丢失都有可能让价值数百万美元的程序崩溃。在现实生活中，类似的程序错误每年都要造成数十亿美元的经济损失。相较而言，我们可以说，人类的语言具有很强的发育稳态，而计算机的程序语言则没有。

生物具有发育稳态的猜测最早可以追溯到 20 世纪 40 年代，当时的生物学家兼哲学家沃丁顿（C. H. Waddington）在研究果蝇时发现，不同基因型的果蝇在身体外观上几乎没有区别。沃丁顿用于观测比较的指标非常精细，例如果蝇翅膀上的脉络以及背部的刚毛数目。沃丁顿根据这种现象认为，"发育无论在什么情况下都会止于一个相同的最终结果"，并将其定义为限渠道化（canalization）——这个词表达的含义与发育稳态相同。沃丁顿的研究暗示，果蝇的形态对基因突变具有一定的耐受性，即同一个身体性状背后的基因型可以有很多种。即便如此，对于发育稳态的研究在此后的半个世纪里仍旧是一潭无人问津的死水。

到了 20 世纪 90 年代，当时的分子生物学家们深受一个问题的困扰：他们发现许多基因根本没有任何实际作用。这个表面上看起来与沃丁顿的研究没有任何关系的现象，让发育稳态这个概念几乎在一夜之间就涌入了主流科学界的视野。

科学家们想不明白的是，既然这些基因没有用，那么它们为什么没有消失呢？这些无用基因的存在浪费了宝贵的资源，不断积累的 DNA 突变应当将它们抹去。就像一栋被人弃用的大楼，年深日久，最后必定会归于尘土。

我们在第 5 章中提到过啤酒酵母，除了用来酿酒，它对细胞生物学的重要性犹如果蝇之于胚胎学。正是在对这种啤酒酵母完成全基因组测序后，科学家们才发现了众多的"无用基因"。手握酵母的整个基因组，科学家们意识到，他们对基因组中数千个基因在酵母生命中扮演的角色一无所知。为了了解每个基因的作用，科学家们对酵母的基因进行了逐个"敲除"（knockout），之所以这么命名，是因为科学家每次只删除基因组里的一个基因，相当于从基因组的书里删除某个表意完整的特定段落。

这个研究的逻辑就像通过每次去掉汽车的某一部件，从而分析该部件在汽车里的作用一样：如果你拆掉车的圆盘转子再踩刹车踏板，发现车不能减速，那么你就能猜到转子和汽车的刹车有关系。同样的道理，如果敲除某个基因后酵母不再分裂，那么这个基因就和细胞的分裂有关。而如果被敲除某个基因后的果蝇失去了翅膀，那么这个基因就参与了果蝇翅膀的发育。

随着一个又一个有关基因的科学论文发表，基因敲除技术发展到今天，已经强大到能够敲除数千个不同的基因。斯坦福大学的研究者们在 20 世纪90 年代首创了这种惊人的研究方法，他们在获得酵母基因组所有的基因测序结果后，决定逐个敲除它们。研究人员创造了 6 000 多种不同的酵母变种，然后把它们培养在未突变菌株能够生存的环境里，检测所有变种存在的特定缺陷，以此推断敲除基因的可能功能。

研究人员的发现出乎所有人意料。大多数变种在培养基里没有表现出明显的缺陷，它们与非变种一样生长旺盛。这也就是说，大多数敲除的基因没有什么实际作用。以此为开端，科学家在许多其他物种中干预了无数基因的表达。而得到的结论是，基因就像一句不含一个韵母就写成的句子：生命如同人类的语言，有很强的发育稳态，因此能够耐受实验中多数的基因敲除。

这样的结论引发了更多的疑问，其中之一便是，为什么会这样？发育稳态背后的原理是什么？

对于某些基因来说，发育稳态的原理简单明了。在基因组里，一些基因往往存在多个拷贝，就像有人在影印书籍的时候不小心把某一页重复印了两次。基因重复通常发生在 DNA 复制和修复的过程中，而且并不少见：人类基因组中大约有一半的基因都存在重复。由于重复的基因有相同的作用，所以当其中一个基因被敲除时，其他的拷贝就能够补上空缺。就像医院里防备停电的备用电源、用于备份数据的计算机硬盘或者商业航班中防止坠机的备用电路一样，如果不需要这些基因补上空缺，那么它们就一直都是"无用"的。

但鉴于多数"无用基因"没有复制——它们是单拷贝基因。因此，对这些基因而言，发育稳态现象并没有上述那么容易解释。

对于多数单拷贝基因，我们知道有一种情况可以解释它们的无用性，而这种情况普遍存在于催化代谢的酶中。生物体内的生化反应网络有点儿类似于城市中心的密集交通网络，比如曼哈顿市中心纵横交错的公路和街道。一名位于第二大道 42 号街的司机如果想去第七大道的 48 号街，可以选择北边东西走向的 6 条街道以及西边南北走向的 7 条街道中的任意组合。城市里的每条主路通常都有数条车道，车道越多，备选的前进路线就越多，就算有一条车道堵死，司机也可以选择走其他车道。不过即便整条路都堵住了也不是什么大事，因为司机总能够在四通八达的网络里找到其他路径，而经验丰富的老司机甚至能够通过出入两条相同走向的大街中间的停车场抄近路。这样的绕行虽然拖延了时间，但是不至于让人止步不前。

敲除某个与代谢有关的基因就像堵死了某一条主路，阻碍了代谢的原料进入生化反应的错综网络。而一条备用的代谢通路就是一条可以迂回的支路，位于断点位置后方的生化反应很快就会消耗完先前积累的分子，所以生物体需要绕过原先的通路，找到一个合成原料的支路继续反应，确保生命在代谢的城市里畅行无阻。这可不仅仅是一个抽象的比喻而已。生物工程学家能够用敲除代谢相关基因的方式阻断特定的通路，而当他们这么做时，生物体往往能够重新分配原料物质的走向，保证必需物质的合成从而存活下去。对于代谢而言，支路反应的存在甚至比单纯的后备基因更重要。

当然，发育稳态不仅仅局限在代谢或是基因组的水平。在单个蛋白质中这种现象同样普遍存在。比如溶菌酶（lysozyme），这种蛋白质通过摧毁可以保护细菌的细胞壁杀死它们。溶菌酶不仅存在于人类的唾液、眼泪和母乳中，而且还广泛存在于许多其他动物体内，某些攻击细菌的病毒也包含溶菌酶。当科学家想弄清楚这种蛋白质如何工作时，他们采用的方法类似于从基因组中敲除基因的研究，只是动作要小得多：他们改变蛋白质内氨基酸链上的一个氨基酸，然后观察这种改变的后果。

在获得超过 2 000 种溶菌酶的变种之后，他们发现其中大约有 1 600 种依旧能够杀死细菌，每一种变种内都只有一个氨基酸发生了改变。也就是超过80% 的溶菌酶变种在更改了某个氨基酸之后，依旧具有杀菌作用。以溶菌酶为代表的蛋白质，就像代谢一样，具有很强的发育稳态。同样的情况也适用于调控环路——我们已经提过大肠杆菌的调控环路在实验室中经过大刀阔斧的改造后功能依旧不发生改变的情况了。

发育稳态最明显的优势在于保证生物的生存。这种作用可以追溯到第一个能够自我复制的 RNA 出现，微小的复制错误会在 RNA 传代中不断积累直到复制无法进行，而发育稳态则能够帮助 RNA 对抗致命的复制错误。这是现实版的"第二十二条军规"[①]：RNA 分子必须在复制中尽量减少错误来保持自己在复制中不出错的能力。不过现代的 RNA 只需要些许的发育稳态就能显著降低复制错误的发生率：因为些许错误很难改变这种稳定的分子的自我复制能力，发育稳态为 RNA 分子发生复制错误后提供了稳定复制的喘息时间，而在这段时间内可能会有更好的自我复制分子横空出世。

发育稳态的重要性远远不止于此，它还可以用于解释基因型网络和进化的动力。

让我们重新回到我们拜访过的自然图书馆，在那里，每个代谢（每种蛋白质或者每个调控环路）都与某一馆内的馆藏相对应，而与每一本馆藏相邻的馆藏都只与它相差一个字母，这个不同的字母可以是一个生化反应，也可以是一个酶或编码这个酶的基因。我们从敲除基因的实验里得知，例如通过基因敲除阻断某个代谢反应，许多这样的基因修改都不会对生物造成可见的不良后果。也就是说，至少对于生物体直观可见的特征而言，即便基因型发生变化，生物的表现型也不一定随之改变，我们称这样的现象为发育稳态。

[①] 《第二十二条军规》，美国作家约瑟夫·海勒的讽刺小说，故事主线围绕一条自相矛盾的军规展开。——译者注

而发育稳态的强度则由馆藏所在的社区大小来衡量，即每次只促成一个微小的改变而表现型保持不变的可能性大小。

社区里相同表现型的馆藏越多，生物的发育稳态就越强。如果我们假设生物不具有这种发育稳态，你就能看到它带给生物的优势：如果一种代谢、一个蛋白质或者一个调控环路没有任何邻里，它和它控制的表现型将极度孤立无援，弱不禁风。而在另一个极端上，如果所有微小的改变都能够保持表现型的一致，那么发育稳态的强度将达到峰值：任何单独的微小变异都不能改变这种性状。

无论是极端脆弱还是极端稳定，在现实世界中都不存在。没有哪个生物的哪个性状是绝对脆弱的，也没有哪个性状是绝对稳定的。所有的生物，它们所具有的结构和行为，都在一定程度上具有发育稳态。正是这种稳态赋予了不同生物种群探索巨大的自然图书馆的能力。图书馆中相同主题和内容的馆藏数量惊人，但每个主题的馆藏都仅仅是图书馆内无数书籍中的一小部分而已，自然图书馆就像海洋，相同主题的馆藏仅仅是海洋里的一滴水，而每个文本不过是组成这滴水的水分子而已。

如果没有发育稳态，图书馆中依旧可能会有许多主题相同的书，但是它们相互之间都会相距甚远，毫无瓜葛。没有读者能够在一本书附近的馆藏里，找到探讨类似主题的书，它们之间往往只相差一页、一个单词甚至一个字母。相同表现型的不同基因型就像在夜空中眨着眼睛的星星，相互之间隔着以光年计的寂寥空间。

值得庆幸的是，生命的世界并不像宇宙。以任何一个文本作为起点，我们都可以选择这个文本的众多表意相同的相邻文本，再以同样的方式行进到下一个同样稳定的文本上，如此反复，而不改变我们需要的那个主题。用这种方式，生物体能够探索自然图书馆里未知的领域，并有机会发现新的性状。发育稳态使得表现型相同而基因型不同成为可能。由此，大自然可以在发育稳态所创建的基因型网络里琢磨新的乐高积木拼法。

我们在第 2 章中提到过自组织系统，自组织的原则在生物界和非生物界都普遍存在，从星系的形成到生物膜的组装都涉及自组织，而基因型网络恰好就是这种系统的又一个例子，但它又是比较特殊的那一个。基因型网络和星系不同，星系的形成依赖宇宙空间中物质之间的引力作用，而生物膜的自动组装则有赖于脂质分子与水分子之间的亲疏关系，但是基因型网络并不会随着时间的流逝而改变，它们是格局无限大的自然图书馆中的常住居民。

即便如此，基因型网络具有某种组织性的事实仍毋庸置疑。由于它的组织形式复杂，我们到今天也不过是略知皮毛而已。但是我们可以肯定，基因型网络具有自组织性。与星系形成和生物膜组装相比，基因型网络自组织性背后的原因要简单得多：因为生命具有发育稳态。对于基因型网络而言，发育稳态一方面不可或缺，否则表现型相同的不同基因型将被孤立；另一方面，发育稳态也别无他求。只要代谢、蛋白质和调控环路具有一定的发育稳态，基因型网络就可以在宇宙中生根发芽。

发育稳态足以维持基因型网络的存在，但是仅有基因型网络对进化而言

还远远不够。原因在于，进化的发生必须要同时满足两个看起来相互矛盾的条件。进化需要生物同时具有保守性和可变性。就像当初那些企图横渡大西洋的先锋飞行员一样，他们也需要参考莱特兄弟的飞机原型：他们要的是能够完成这项壮举的新飞行器，但是他们同样需要学习如何让不够完美的旧飞行器在天上翱翔，直到新一代飞行器取而代之。同样的道理在自然界也适用，大自然需要保证生物的存活，同时寻求新的性状。基因型网络为探索新性状提供了便利，但是网络本身对保留已有的性状并没有什么助益。

我们需要再次强调这一点，因为基因型网络的发现让我们在惊喜兴奋之余，也容易冲昏我们的头脑，忘记自然选择所扮演的重要角色。自然选择的作用体现在它的保守性，它是进化的记忆，保留了所有值得保留的改进，无论改进多么微不足道，假以时日，这些微小的改变终会积流成河，聚木成林。我这样说也是有据可依的。达尔文在他的物种起源中有一段关于眼睛的描写，眼睛无疑是生物进化史上最出色的成果之一。"眼球精密的结构是无与伦比的，它能够调节焦距以适应不同距离，能够调节进出的光量，能够纠正色差和球面像差，我必须坦陈，造就这一切的自然选择对我而言简直不可思议。"

当光线穿过我们的眼球，眼球中的棱镜系统就把外面的世界清晰地投射到了可以感应光线的视网膜上。这听起来简单，不过在这个过程中，眼球必须以精密的角度改变光线前进的路线。对光进行折射可不仅仅是改变晶状体的形状就能做到的，构成晶状体本身的材料常常被忽略，而它对成像而言至关重要。晶状体的组成成分由来已久，它的出现依赖于新的调控通路。

向水的表面投射一束光线，你能够在水面与空气交界的地方看到光线的弯折。如果在水里溶入糖,那么光线弯折的角度会变得更小①。溶解的糖越多,折角越小。食品工业正是利用这个原理检测酒、软饮和果汁中的糖含量。我们的眼睛也利用相同的原理对光线进行折射,区别在于眼睛利用的是蛋白质而不是糖。这种蛋白质(晶状体蛋白)在晶状体中有极高的浓度,使得晶状体对光线具有极强的折射能力。

晶状体蛋白在光线折射方面的作用惊人的出色,很容易让人以为它的存在是为晶状体的形成而量身定制的。然而,事实并非如此。许多晶状体蛋白都是参与代谢的酶,除了数量上相对较少以外,它们和身体中参与其他生化反应的酶相比,并没有明显的特殊之处。不同的生物利用不同的酶作为晶状体的蛋白成分。这些酶与其他蛋白质的一个不同在于,它们不容易凝结成块,哪怕在眼球内以高浓度的形式聚集也不会轻易析出。

眼球利用的蛋白质本质上是一种酶,但它不要求这些蛋白质能够像乙醇酶一样分解酒精,只因为它们是透明的,就像你找了一块破砖头做书立不过是因为它碰巧很沉而已。此外,晶状体蛋白往往非常稳定坚韧,人类眼球中构成晶状体的晶体蛋白往往将伴随一个人的一生,从出生直到去世。但是有的时候晶体蛋白也会出问题并凝结析出,使晶状体呈现乳白色。这就是我们所说的白内障,白内障最终必然致盲的结果人尽皆知。

达尔文本人无缘得知任何关于蛋白质化学领域的知识,但是他做出了大胆的假设,他认为脊椎动物美丽的眼睛,以及眼睛内精妙复杂的晶状体,都是一系列微小进化积累的最终产物,这一洞见已被今天的我们所证实。早在

---

① 这里所说的折射角是指水中的光线与水面垂直线所成的角度。——译者注

我们的祖先选择不易析出的代谢蛋白作为晶体蛋白之前，它们的祖先（某些蠕虫或是海星）就已经开始利用感光细胞了，这些感光细胞的作用可以帮助它们找到阴影下的藏身之地以躲避掠食者。

数百万年之后，感光细胞逐渐聚集在一个浅浅的凹陷内，形成视杯（eyecups）。视杯能够比感光细胞更好地感受光源的方向，视杯进一步凹陷就成了视坑（pit eyes），视坑对于光源的感应已经相当出色。再进一步，视坑逐渐进化成视孔（pinhole），视孔终于能够真正意义上地进行成像了。到此，眼球的形成只差一种能够折光的高浓度透明组织就完成了，比如晶状体蛋白。此时，距离晶状体的出现只有一步之遥。我们最终在眼睛的结构里看到了能够移动和变形的晶状体，因为有了它，眼球才能呈现清晰的物像。

每一个小小的改变和进步都值得被保留，而自然选择的确也做到了。之所以如此肯定，是因为许多动物身上依旧保留有这些改变：某些扁形动物中还保留着视杯，蜗牛身上仍旧存在视坑，而鹦鹉螺——一种贝壳体分为许多小室的乌贼近亲，身上则有视孔，而水母等动物身上则具有相对简单的原始晶状体。

在气势宏伟的中世纪大教堂中，教堂里高耸的尖顶和巨石雕琢的厚重圆柱都会配以无比精致的装饰，高高的拱形屋顶往往超出了我们的视线范围，掩映在半明半暗之中。而由所有这些细节构成的最终成品，如果没有人告诉你它们是一块砖一块砖修筑起来的，你也许很难相信世间竟能有此等杰作。而我们的眼睛也是这样的杰作。

分子进化的过程亦是如此。北极鳕鱼体内的抗冻蛋白可不是像雅典娜[①]那样在一夜之间就形成的。北极鳕鱼祖先体内的某种蛋白质以一次一个氨基酸的速度缓慢积累着有益的变异，每次变异只要把体内液体的凝固点降低仅仅 0.1 摄氏度，其后代的生活范围就可以向外扩展数公里。更大的生存空间也意味着数量更多和种类更丰富的食物供给。只要是能带来生存优势的突变就具有保留价值，而一系列类似变异的积累则把鳕鱼的生存极限延伸到了极度低温的疆域里。**基因型网络对于寻找新性状至关重要，而自然选择则是新性状的保留者。**

通过数量积累逐步改良生物性状的突变对生物进化来说至关重要，不过这并不是 DNA 改变的唯一方式。许多突变在首次出现时对生物往往既没有好处也没有坏处。这种中性的突变需要归功于发育稳态，发育稳态使得生物体对错误有了一定的耐受性。

中性突变对进化或许也很重要，至于为什么，我们至今仍不甚明了。事实上，有关自然选择与中性突变的争论由来已久，在 20 世纪的最后 30 多年里，中性突变一直是达尔文主义者的眼中钉、肉中刺。分子生物学领域的技术革命在自然界的生物体中发现了数量惊人的基因多样性，从哺乳动物到果蝇，甚至微观的细菌：同一个物种体内的数千个基因往往在不同个体之间存在 DNA 序列上的差异。多数科学家相信，这些多样的基因都是自然选择的结果，

[①] 雅典娜的诞生：宙斯吞食墨提斯之后患上了头疼，众神赶到帮助宙斯打开脑袋之后，里面蹦出了身披铠甲的雅典娜，雅典娜因此被奉为智慧女神。——译者注

而持有这些看法的科学家往往是忠诚的达尔文主义者。他们认为，既然多样的基因得以保留，说明同一个基因的多样化有助于生物的生存和繁殖。

但是这些自然选择论者却遭到了一个来自少数派的微弱的反对声音，他们就是中性主义者。中性主义者认为，大多数的突变对生物体没有任何改变，因此也不会受到自然选择的影响。至少在这些突变首次出现时，它们是绝对中性的。在某些科学家眼中，比如古生物学家史蒂芬·杰伊·古尔德（Stephen Jay Gould），中性突变的存在极大削弱了自然选择在生物进化和新性状形成中的作用。

科学和技术的发展史为中性突变提供了一个不甚恰当的类比对象，即新理论和技术发明之初往往找不到自己的定位，但是它们的价值有可能在未来某个时刻变得不可估量。数论就是一个很好的例子。数论是数学的一个分支，美国数学家伦纳德·迪克森（Leonard Dickson）曾经不止一次说过："感谢上苍，数论没有被任何应用技术所玷污。"从欧几里得开始直到1919年，这句话都没有什么问题。但是在仅仅几十年之后，数论就因为一个完全不相干的领域而被放在了互联网经济的中心位置。

随着数字计算机和互联网技术的发展，数论被用于网络信息的加密，为电子金融和网上银行业务保驾护航。类似的例子还有很多，德国物理学家海因里希·赫兹（Heinrich Hertz）通过实验验证了由詹姆斯·克拉克·麦克斯韦提出的电磁理论，但是赫兹本人也说不出这个理论到底有什么应用价值。赫兹曾经不停地跟别人说他的实验"一点儿用都没有"，"只不过证明了大师麦克斯韦的理论是正确的而已"。而在短短40年之后，赫兹的实验促成了世界上第一座获得商业许可的广播站建立，即位于匹兹堡的 KDKA，这个无线电台至今仍在 1 020 千赫的频段上播送节目。

中性学说最著名的支持者莫过于日本科学家木村资生（Motoo Kimura），木村资生建立了一套复杂而成功的数学理论，以评估中性突变在进化上的命运。木村资生主张自然界大部分的遗传突变都是中性的。不过在基因组学时代到来的今天，我们已经知道，木村在这一点上的认识是错误的，中性突变并没有比那些带来优势的突变更多。撇开这点不谈，木村认为中性突变十分重要的观点则是完全正确的，尽管我们又花了数十年时间才理解中性突变之所以重要的原因。

第一个原因是，中性突变在探索基因型网络时非常重要。中性突变为读者在自然图书馆中寻找新性状时铺就了一条安全的道路，避开了一路上诸多无意义的伪作。如果没有基因型网络和中性突变，安全探索自然图书馆几乎是不可能的。

第二个原因是，以中性突变出现的变异不一定永远是中性的。中性突变同样可以在某一天成为有意义的突变，就像曾经毫无应用的数论那样。一旦中性突变表现出有利于生物生存的性状，它们就会被自然选择保留下来。换句话说，自然选择学说和中性学说都没有错，自然选择和中性突变都是生物进化中的必要组成部分。中性突变先为新性状的出现铺路，而自然选择从众多的中性突变里选出具有进化潜力的那些突变。

一个很好的例子是受到广泛研究的 RNA 酶，它很好地展示了中性突变和基因型网络能够在多大程度上加快新性状进化的速度。这种特殊的 RNA

酶作用于 RNA 链上的特定位置，在所识别的位点上对 RNA 进行切割。这种核酶的形状犹如它的名字，就像一条双鳍鲨，独特的锤头状是它执行功能的关键——这是一个充分不必要条件。在广阔无边的自然图书馆里，同样催化活性的其他 RNA 分子很可能有着不同的形状、不同的表现型，从而使得核酶剪切 RNA 的刀刃更加锋利。

如果没有基因型网络的存在，那么 RNA 图书馆里的一小簇读者，也就是某一簇进化的 RNA 分子，必须聚集在"43 核苷酸区"里，它的脚步只能延伸到相差一个核苷酸的馆藏里。按照这个范围，某种特定的 RNA 酶只有 129 个不同的相邻 RNA。由于我们能够计算每一种 RNA 的形状，所以我们知道这 129 个 RNA 一共有 46 种不同的形状，这也是进化在不借助基因型网络的前提下能够触及的分子形状数目。

如果我们继续下去呢？如果只选择那些突变是中性的相邻 RNA，也就是同样是锤头形状的邻居分子，并检验它们的相邻 RNA，这样我们就能得到 962 种新形状。而后我们再深入一步，检查那些相邻 RNA 里中性突变的相邻 RNA，这次我们将得到 1 752 种新形状。仅仅在基因型网络中深入两步，新的分子形状数量就比核酶直接相邻的 RNA 多出了将近 40 倍。而沿着锤头状这个分子特征前进的基因型网络支路远远不止这两步，这张网络中有超过 10^{19} 种 RNA，现有的计算机还没有能力对所有相邻 RNA 的分子形状进行推演。不过我们几乎可以肯定，在这些 RNA 中有数十亿种新的分子形状，而且这些形状不同的分子都具有相同的功能，因为在进化过程中，保证生物的生存本身就是基因型网络存在的意义。

这就是基因型网络加速进化的方式。基因型网络就像科幻小说《星际迷航》中用来进行超光速星际旅行的曲速引擎。如果没有基因型网络的存在，那么锤头状核酶的进化速度将放缓至现有速度的 1/40。与已经进化了将近 40 亿年的现代生命相比，如果没有基因型网络的帮助，地球生命相当于才刚刚走完第一个一亿年的路。在生命出现最初的一亿年里，地球上可能已经有了为数不多的几种细菌，但是多细胞生物肯定还没有登上历史的舞台，更不用说鱼类、陆生植物、恐龙或者人类了。基因型网络对生物进化的加速远远超过 40 倍，确切的数字我们甚至都无从计算。如果没有这张基因型网络，地球上的生物可能到今天都还没有爬出那盆原始浓汤。

在《星际迷航》中除了曲速引擎，还有一种实现超光速飞行的方式：直接改变宇宙空间。创意无限的科幻作家们创造了许多新奇的技术，比如虫洞（wormhole）。虫洞让数千光年的旅程在一瞬间就能完成，而我们发现基因型网络的作用也与之相似。基因型网络缩短了图书馆内两部馆藏之间的距离，无论这座图书馆是代谢、蛋白质还是调控环路图书馆，基因型网络都发挥了这个作用。

我们来想象有一群参观图书馆的读者，它们是某个物种的一个种群，它们聚集在某个文本周围。这个文本叙述了一个特定的调控环路，而该环路控制的基因表达谱会参与身体某些部位的发育，比如鸟类的翅膀。我们再假设在这座图书馆的某个角落里另有一本书，它叙述的调控环路和基因表达谱，能够让翅膀的空气动力学和重量都得到些微优化。这本书藏得越深，读者想要找到它所花的时间就会越多。

在规模如此惊人的图书馆里寻找某本特定的书犹如大海捞针。你当然可以找到那本书,不过前提可能是你要走遍海里的大部分地方,可能你要走遍每一个角落才能成功。只不过相比某个特定的表达谱而言,图书馆的规模更像是宇宙而不是大海。常识告诉我们,要捞起这根针,我们将不得不走遍宇宙的每个角落。

但是自然图书馆从来不落俗套。这一点在我们发现不同的调控环路能够控制相同的基因表达谱时就已经略有涉及了。我们知道,大海里的针往往不止一根。而当我们在图书馆里寻找特定表达谱的调控环路时,却发现自然图书馆比我们原先认为的更加怪异。在这项研究中,我们首先以随机的方式设计出数千种基因表达谱,而后用计算机针对每一个表达谱生成一对调控环路。两个环路中的其中一个与目标表达谱对应,而另一个则不然。除了所控制的表达谱,每对环路内基因之间的作用关系也不尽相同。接下来,我们逐渐改变第一个调控环路里的基因的作用关系,一次改变一个并保证环路所控制的基因表达谱不变。

经过足够多次的操作,第一个环路能够与配对的环路变得类似吗?答案是,可以。我们的研究发现,对于含有 20 个基因的调控环路来说,配对环路中基因相互作用形式的相似性能够达到 85%。换句话说,以图书馆内任何位置作为起点,你不需要长途跋涉,只要脱离基因型网络走出去 15 步就能到达另一个基因型网络。也就是说,无论你从大海里的哪个位置开始寻找,你要找的针总是在你周围。

如果这还不够让你觉得新奇,那么我们来看看更诡异的东西。

我们假设自然图书馆就是图 6-1 中的正方形，正方形中的黑点是某个文本。围绕黑点的圆圈，它的半径相当于正方形边长的 15%。这是读者要从一种表达谱到达某个新基因型网络的平均距离，15% 这个数值来源于我们上述所做的研究。我们来做一个简单的算数，如果圆的半径是 15 厘米，那么正方形的边长就是 100 厘米，圆的面积约为 707 平方厘米，差不多相当于正方形总面积的 7%。

当然，现实生活中的图书馆不是二维的，它们都存在于三维空间。出于简化考虑，我们把图书馆抽象为一个立方体，那么在这种情况下，一个表达谱所在的社区就相当于一个球。球的半径依旧根据立方体边长的 15% 设定，但是两者的体积之比却发生了变化。球的体积不再是立方体体积的 7% 了，而是 1.4%。

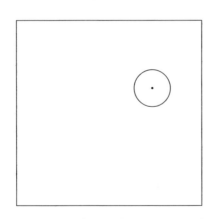

图 6-1　自然图书馆与基因文本关系示意图

而调控环路图书馆甚至连三维、四维图书馆都不是。它们位于更高维度的空间，在那里，图书馆是超立方体，社区则是超球体。在四维空间中，超球体是超立方体体积的 0.2%。而五维空间中，超球体是超立方体体积的 0.04%。

在调控环路所处的高维空间中，这个比例超出你的心理预期。超球体与超立方体的体积比不是 0.1%，也不是 0.01%。而是仅有 10^{-100}%。对于图书馆里的读者而言，要从一个文本出发寻找新的基因型网络，只需要探索一块微不足道的区域。高维空间体积比例不断缩小源于一个简单的几何规律：越高维的空间内，半径为边长恒定比例的超球体在超立方体中所占的比例总是越小。体积比例的下降不是因为我们所举的例子中的半径边长比为 15%，不管这个比例为多少，哪怕是高达 75%，三维空间中球体与立方体的比例也会降为 49%，在四维空间中降为 28%，在五维空间中进一步降为 14.7%。随着维度升高，比例越来越小。

其他图书馆里同样存在这种反直觉的现象：图书馆所处的维度越高，也就是说，馆内的代谢和分子种类越多，找到新性状的难度也就越小。生物一旦在自然界站稳脚跟，想要再寻找新的性状并不需要花费太多力气，它们只要改变少数几个生化反应，探索代谢图书馆的一小块区域，就可以撞见它们所期盼的新性状。对于 RNA 而言也是同样的道理。以一个已有的 RNA 作为起点，你只要稍稍改变它的核苷酸就能够获得形状不同的新分子。在图书馆里寻找新性状的代价不过是回身走两步而已。

适者降临的代价仅仅是探索自然图书馆的 10^{-100}%，如此看来，自然界依靠略显盲目的探索方式却依然能够造就生物丰富的多样性也就不奇怪了。进化不用遍寻海底的每个角落，因为遗落在海底的针远远不止一根。事实上，

海底散落的针都在一张紧密编织的网里，而这一切都要归功于发育稳态和它
对基因变异的耐受性。

不知道你是不是已经有了这样的印象：图书馆中每个文本所在的社区规
模都极其庞大。那么你大概也很容易理解，图书馆在构建组织上的另一个
特征：每个基因型网络不但分布广泛，而且不同的基因型网络之间还有频繁
的交织互动。它们紧密交联，互相围绕，繁复多变。整个网络由数百万乃至
数十亿根丝线织成，每根都对应一种特定的表现型。如果给每根丝线涂上一
种独特的颜色，那么这张复杂无比的网络中的每一条丝线上都有数十亿根其
他颜色的丝线交织而过。如此精致的绸缎只可能存在于高维空间中，它的华
美与我们生活中的任何织物都不同，完全超出我们的想象。这张网隐藏在我
们生活中的每个生命体背后，生命由它而生。

复杂交联的基因型网络都是发育稳态的产物，发育稳态对于进化而言至
关重要。不过，天下没有免费的午餐，发育稳态也一样。发育稳态的代价就
是它的复杂性。

想要声讨某个事物太过"复杂"似乎没有必要。在路易斯·卡罗尔的《爱
丽丝梦游仙境2：镜中奇遇记》中，爱丽丝在探索一块神奇的棋盘时遭到了
红衣骑士的攻击。所幸爱丽丝被红衣骑士的死对头白衣骑士及时救下。但没
想到的是，白衣骑士是一名发明家，他迫不及待地要向爱丽丝展示他的发明，
比如一个只要按一下底下的按钮就可以遮风挡雨的箱子，一个马背上用的捕

鼠器，还有一个用吸墨纸、封蜡和火药做的甜点。

> "你瞧啊，"白衣骑士稍稍停顿了一下，然后继续说，"所谓有备无
> 患嘛。看看我的马戴的那些脚镯子。"
> "它们有什么用？"爱丽丝饶有兴趣地问。
> "以防鲨鱼的袭击，"骑士回答，"这是我的专利。"

白衣骑士深受复杂而奇葩的发明掣肘，沉重的累赘让他无法策马奔腾，无法陪伴爱丽丝继续她的旅程，理所当然地，白衣骑士很快就在故事里谢幕了。不过，他作为"大道至简"的反面典型，还一直活在读者的心中。

早在卡罗尔写完爱丽丝的故事之前，14 世纪英国修道士"奥卡姆的威廉"（William of Ockham）一直都是精简主义的狂热信徒，他创立的精简原则在今天已经被视为简约性的定义：万物本质当由最少的事实作为支撑，切勿浪费。奥卡姆也把事实称为"实体"（entities），这个观点也被世人叫作"奥卡姆剃刀"（Ockham's Razor，也作 Occam's Razor），它让人相信普世的科学理论往往形式简约。此外，奥卡姆剃刀也是工程师制造机械时的追求，虽然他们在工程学中已经有了更接地气的座右铭：KISS，即"还可以更精简，你个蠢货"（Keep it simple, stupid）。

奥卡姆剃刀不仅是出于美学或者哲学层面的追求，在工程学里，它还有着经济方面的考虑。量产一台机器的每个零件都需要成本，更少的零件意味着更低的成本，而降低成本是每个工厂老板都希望看到的。另外，装配过程复杂的机器也更容易出现安装错误。对于制造一台机器而言，精简主义大有

裨益。

所有试图理解生命，却对它们的复杂性望而却步的生物学家，大概都会对精简主义心向往之。生命在很多方面似乎都复杂得没有必要。调节昆虫体节分化为 14 段的调控环路中有数十种分子，不过科学家从很多年前就了解到，只需要这数十种分子中的两种就可以实现同样的功能。昆虫体节分化的原理研究耗费了人类数十年的时间，自视甚高的人类工程师也只能对这些小虫子甘拜下风。不知道你是否还记得由生化代谢构成的交通网络，里面布满了备用车道、迂回路线以及平时不太常用的小巷子，以上这些现象都有一个相同的问题：为什么它们会存在？为什么优胜劣汰、效率为先的大自然会保留这些多余的复杂性呢？

答案是"环境"，确切地说，是"各色环境"。看似浪费的复杂性，实际上却是基因为了应对各种不同的环境留下的后手。

在营养极度贫瘠的环境里，大肠杆菌只能利用单一的碳源物质合成自身所需的必需成分，比如氨基酸和脱氧核苷酸。在这种情况下，大肠杆菌体内 3/4 的代谢反应都是无用的累赘。就算把它们都敲除，大肠杆菌照样能够生存，这就是发育稳态。

然而环境是复杂多变的。如果单一的碳源从葡萄糖变成了乙醇，原本"无用"的生化反应就成了大肠杆菌生命延续的关键。大肠杆菌能够利用 80 多种碳源合成必需成分，这些生化反应大多布局精巧。碳元素仅仅是生物所需的众多必需元素之一，其他元素的代谢需要进一步的生化过程。代谢反应类型的多样化有利于生物在多样的环境中生存。对于生物而言，高度的复杂性也就意味着对不同环境的高度适应性。

基因组中保留的重复基因同样是为了应对多变的环境。重复基因在诞生之初是完全相同的，不过它们不久之后就会踏上不同的命运之旅。突变会在各个基因内不断积累，改变它们的 DNA 序列和基因表现型，以便能够应对特定的环境。在人体内，某些催化分解反应的酶在肝脏中活性最强，而与之同源的另一些酶的最适宜化学环境则是在大脑中。而真菌中的一种在葡萄糖充裕时负责把糖分子转运入细胞的蛋白质，它的另一种同源蛋白则在葡萄糖稀缺时负责清除糖分子。许多重复基因的实际作用依旧是个谜，也许它们是在为某些还未遇到的特殊状况而蛰伏。

我们在工程技术领域也能够找到类似的例子。虽然工程师们对于精简主义相当推崇，但他们同时也要为多变的环境做足准备。比如，如果你只是想顺着河水随波逐流，那么你只要有一艘木筏足矣。如果你想去河对岸，那么你需要更复杂的设计以便控制木筏的前进方向，这时你又需要一个船舵。如果你不想被浪头打湿，你就需要在木筏上加装船身。而如果你想要逆流而上，就得给船装上船桨或船帆，哪怕是腓尼基人和埃及人在 5 000 年前就发明的横帆。原始归原始，横帆在船只顺风的情况下确实非常实用。相对而言，当风向改变时横帆就略显欠缺，而逆风情况下则会彻底沦为鸡肋。此时你就需要双纵帆：一面位于桅杆前方的三角帆和一面紧随其后的主帆。为了应对变幻莫测的暗流、大浪和风向，略显复杂的工程设备必不可少。

反过来道理也一样。至少在生物学领域，如果随着时间的推移环境一成不变，那么发育稳态相对而言就不那么重要了，遗传的复杂性也就会随之降低。对这一点我们不需要挖空心思，只需要看看家里养的盆栽就能够找到鲜活的例子。确切地说，这个例子是生长在植物上的某种昆虫。

蚜虫（Aphids），也叫木虱、腻虫或蜜虫[1]，数千年来一直是农民和园丁不共戴天的死对头，尽管在总计 4 000 多种已知的蚜虫中只有 100 多种会吸食农作物的汁液。除了家里的景观植物，蚜虫的食物也包括棉花、各种果树以及谷类作物。蚜虫和 19 世纪 40 年代的爱尔兰大饥荒[2]以及 50 年代的法国葡萄酒庄园大虫害[3]也脱不了干系。蚜虫是最具破坏力的农作物寄生虫之一，但就其在科学研究中的地位而言，蚜虫的价值不可估量。蚜虫体内隐藏着一种更小的生物，它为我们上了有关发育稳态和遗传复杂性的宝贵一课。

许多人都知道蚜虫依靠吸食植物的汁液生存，但很少有人知道的是，植物汁液的营养并不丰富。植物汁液缺乏某些必需的物质成分，包括几种生物必需的氨基酸。为了弥补这个缺陷，蚜虫和一种大肠埃希氏菌的近亲组成了搭档。这种学名为 Buchneraaphidicola 的细菌主要栖息在蚜虫体内。

蚜虫和体内细菌的同盟关系使得它们可以同时受益，这种关系又被称为内互利共生，是一种高度亲密的共生关系。蚜虫体内的细菌不光栖息在蚜虫体内，而且直接栖息在蚜虫的细胞内。为了支付"房租"，它们为宿主细胞提供了救命的物质：合成必需的营养分子，尤其是蚜虫本身不能合成且在植

---

[1] 腻虫和蜜虫为中文俗称，原文为 blackfly, greenfly。因未能查证其确切的中文翻译，故粗译为此名。——译者注

[2] 爱尔兰大饥荒始于 1845 年，终于 1952 年，造成饥荒的原因涉及自然、政治和经济等多个方面，是历史学家研究爱尔兰的重点事件。——译者注

[3] 19 世纪中期发生于法国的大规模蚜虫虫害，对许多葡萄酒庄园造成了毁灭性打击，其后多年法国葡萄酒行业一蹶不振。——译者注

物汁液中也无法摄取的必需氨基酸。对于蚜虫而言，体内的细菌就如同延续
自身生命的工厂。

鉴于细菌的汗马功劳，蚜虫也会投桃报李。栖息在蚜虫细胞内的细菌简
直就像漂游在一碗肉汤里，任何食物都伸手取用即可。除了食物，蚜虫细胞
还为细菌提供了安全舒适的庇护所。身携细菌到处游走的蚜虫可以为细菌遮
风挡雨，御寒保暖。与蚜虫共生的细菌不需要担心作物歉收，不用提防掠食
者或者其他威胁，它们只要兢兢业业为宿主服务就能衣食无忧。蚜虫体内的
细菌犹如一个与世隔绝的度假者，悠闲地徜徉在大海里，享受着阳光和沙滩，
任凭一阵阵温柔的波浪晃动自己的身躯，消磨无聊的时光。

蚜虫体内共生菌的悠闲假期已经持续很久了。宿主和共生菌的首次碰面
发生在大约一亿年前，两者一拍即合，从此以后便形影不离。经过一亿年的
相伴，有人可能会猜测两种生物都发生了翻天覆地的变化。内生细菌的确变
化惊人，通过研究它的进化我们还窥探到了些许发育稳态和遗传复杂性之间
的关系。

我们将蚜虫内共生菌与它的近亲大肠埃希氏菌进行了一番比较。大肠埃
希氏菌是代谢可塑性领域的大师，它能够利用各种不同的物质作为食物，对
多变的环境有着极强的适应能力。大肠埃希氏菌复杂的代谢网络中包含了
1 000多种化学反应，它们使得细菌在应对难以预料的环境时得心应手。

蚜虫体内共生菌的祖先曾经和大肠埃希氏菌不分伯仲。但是好景不长，
如今它们的代谢网络中只剩下263种代谢反应。共生菌与蚜虫的同盟关系从

恐龙还在陆地上行走的年代就已经开始了，从那时起，共生菌逐渐丧失了自身 3/4 的代谢反应，而这些反应中的大多数在大肠埃希氏菌中则得以保留。DNA 复制错误的持续积累逐渐侵蚀代谢的基因，多数基因都没能挺过 DNA 的自我移除。而共生菌在无数次基因自我移除后仍旧幸存了下来。

蚜虫内共生菌能够幸存的原因几乎显而易见。多数的基因和代谢反应对于共生菌而言显得无用而多余，与大肠埃希氏菌不同，蚜虫内共生菌所生活的环境在过去一亿年中几乎没有发生任何改变。无论蚜虫如何用尽浑身解数，在不断改变的环境里挣扎求生，共生菌始终沐浴在单调的营养肉汤里。在如此单一的环境里生存，只要一种代谢模式就足够了。在这里，遗传上的复杂性不仅显得多余，甚至可以说是浪费。

蚜虫内共生菌非常特殊，但绝对不是绝无仅有，还有许多微生物也栖息在体型更大的生物体表或体内。它们中有的与宿主互帮互助，而有的则对宿主巧取豪夺。一个著名的例子就是人类体内的肺炎支原体（mycoplasma pneumoniae），它是轻度肺炎①的病原体，轻度肺炎患者通常不需要卧床休息。支原体在人体之间传播，依靠人类细胞获得食物，而它的代谢系统甚至比蚜虫体内的共生菌更简单：在营养充沛的人类细胞内，只拥有 189 种生化反应的支原体依然能够繁衍生息。

让人难以置信的是，支原体的代谢系统中包含了代谢世界中最古老的核心反应：三羧酸循环。此外，极端的精简性也让衣原体因祸得福，它不会畏

---

① 轻度肺炎（walking pneumonia），"可以走路的肺炎"，原意为不需要入院或者卧床休息，俗称轻度肺炎。——译者注

惧以细胞壁合成酶为目标的抗生素，因为它早就连细胞壁都不合成了。衣原体甚至还会盗用人类细胞的生物膜，包裹并保护自身的细胞内容物。

与精简性相伴的则是发育稳态的降低：不仅仅是对突变，还有对于多变环境的稳定性，两者并非相互独立。对于基因敲除耐受的代谢方式，在多变的环境中同样较为稳定。如果大肠杆菌被限定生活在单一的环境里，例如只有葡萄糖作为唯一碳源，它只需要代谢系统中 30% 的生化反应就能够生存。但是蚜虫内共生菌则不同，它必须保证 263 种生化反应中超过 90% 的生化反应运作正常才能维持生存。只要抹除其中的某一个生化反应就足以抹杀这种生物。

从另一个角度来看，大肠杆菌的代谢网络里有很多备用的通路，而蚜虫内共生菌则没有，它的代谢系统就像一条没有岔路的单行道。只要在路上的某一处设置一个路障，整条路就会被堵得水泄不通。对于必需分子的合成而言，大肠杆菌对于 DNA 变异和环境改变都相当耐受，而蚜虫内共生菌则不然。

大肠杆菌和蚜虫内共生菌充其量只是代谢图书馆里的两粒飞尘而已，在它们身上适用的规律，即越是适应多变环境的生物在构造上越是复杂，在遗传上越稳定，可能并不是适用于所有生物的普遍法则。我们没有办法在实验室检验所有物种的代谢，不过依旧可以通过计算机演算相当数量的物种，这个研究的原理类似于民调：通过一个较小的随机样本反映一个较大整体的性质。我们选取一个随机样本，将不同的物种代谢置于不稳定的环境中并观察结果，就能够知道大肠杆菌和蚜虫内共生菌到底是自然界的代表还是奇葩。

为此，我所在实验室内的研究人员以尽可能精简的生化反应构建了数百个代谢网络，同时保证不影响生物的生存。我们把这种代谢网络称为最低代谢（minimal metabolisms），对最低代谢进行任何压缩都会导致生命无以为继。我们构建出的最低代谢有的能够在单一环境中生存，有的能在两种、三种甚至数十种环境中生存，每种化学环境之间的差距仅仅在于营养物质的种类。

这项研究的一个直接结论是，通常情况下，在不同环境中生存需要生物具有一定的复杂性。在某个实验中，我们研究了两种以不同物质作为硫源的环境，硫是一种和碳同样重要的元素。我们首先构建了最低代谢，能够保证生物在单一硫源环境中生存的最低代谢远远不止一种，这种代谢体系内只需要不到 20 个生化反应。而如果要支持生物在 5 种不同的硫源中生存，代谢体系内则至少需要 25 个生化反应。当硫源数量达到 40 种时，最低代谢的容量则扩展到了 60 个生化反应。换句话说，能够应付的环境类型越多，代谢体系内包含的生化反应就越多，代谢就越复杂。

这种情况下，代谢的发育稳态也会变得越强：我们能够从代谢体系中移除而不影响生物生存的反应相应也增多。代谢体系中的反应数量越多，在某个特定环境中不会用到的反应也就越多。"无用"的生化反应在某种环境中是中性的，但是在另一个环境中说不定就是不可或缺的。大肠杆菌和蚜虫内共生菌并不是特例，它们只不过是一个普遍规律的两个典型：生物的复杂性和遗传稳定性随着它所面对的环境多变程度的上升而上升。

至此，我们的认识越来越丰富。多变的环境催生了生物的复杂性，而复杂性促成了发育稳态，发育稳态继而造就了基因型网络，而基因型网络的存在让进化成为可能，使得生物能够通过演变适应环境的变化、提高自身的复杂性，循环往复，生物进化通过这种方式螺旋上升。这种进化方式的核心在于处在多维空间的基因型网络的自组织性。**自组织性是生命绚烂光彩背后的支持者，它是隐藏的生命建筑师。**

ARRIVAL OF THE FITTEST

07

从大自然到工程技术

Solving Evolution's

Greatest Puzzle

自然进化和技术创新有诸多共同之处,促进自然进化的基因型网络在人类技术进步中同样存在。与自然界类似,科研人员也总是行进在各自领域的最前线,他们依赖不断的试错、人海战术、多起源策略和组合优化,模仿自然的创造能力,实现技术突破和创新。技术发明的精简主义和高雅主义,深深隐藏在现实世界的背后。

YaMoR 是一种仍处于实验阶段的新式模块机器人，组块之间以铰链相互连接。它既能组成类似千足虫的直线结构，蠕动前行；也能模仿两栖动物的四肢结构，匍匐前进；甚至可以模拟昆虫爬行。模块中的电脑芯片让它能够被重复编程，每一个模块都是智能的，类似于人类的大脑。只要方法得当，模块机器人就可以通过优化自身的设计应对不同的问题。

作为世界顶尖的理工学院之一，瑞士洛桑联邦理工学院设计生产的 YaMoR 是蒸蒸日上的模块机器人家族中的新成员。目前世界上许多工程学实验室都专注于研制模块机器人，种类众多。但由于适用的条件不同，这些机器人往往风格迥异，相互之间缺乏相似性。有的模块机器人像方形的骰子，有的则像金字塔。还有一些由成群的球体构成，另一些则像成串的轮胎。类似 YaMoR 的模块机器人在外形设计上几乎百无禁忌，各种立体几何造型应有尽有。

在 YaMoR 机器人跨出第一步的 5.4 亿年之前，自然界就已经发生过一次形态设计的百家争鸣了，我们把那场生物性状的爆炸式起源称为寒武纪大爆发（cambrian explosion）。我们今天看到的所有形态的生物都诞生于那场爆发，而有更多的物种则已经消失在历史长河中，比如所有身体分节、没有四肢的古虫动物（vetulicolia）。与古虫动物门生物相比，以 YaMoR 为代表的模块机器人显得非常原始。如果推动自然进化的曲速引擎同样能够在人类工程技术中大显神威，那么第二次寒武纪大爆发似乎也就值得期待了。

我们将会看到，促进自然进化的基因型网络在人类技术进步中同样存在，并不是什么天马行空的想法。自然进化和技术创新拥有诸多共同点。

大自然和人类技术发展都依赖于不断试错。作为天才发明家的代表人物，爱迪生曾经"尝试不下 6 000 种不同的植物，才找到世界上最适合制作灯丝的材料"。他最终在无意间发现竹子是解决白炽灯泡灯丝易断问题的最佳答案，对于这段经历，爱迪生自己也感慨万千，其中一条总结是："我并没有失败那么多次。我不过是成功找到了一万种不适合的材料而已。"这句名言无疑说明了"试错"对于技术发明而言的重要性，而对于生物学也一样。

试错不管是在当下还是在爱迪生生活的年代都意义非凡。著名的编程语言 FORTRAN 曾经帮助科学家模拟从原子到星系的运行规律，为人类理解宇宙立下汗马功劳。FORTRAN 的创始人之一约翰·巴克斯（John Backus）曾说："你必须有随时失败的觉悟。你费尽心力，提出许多不同的想法，然后努力求证，但是结果往往会发现它们都行不通。在偶然发现一个可行的办法之前，你要不断重复这个过程。"

诚然，就失败所蒙受的代价而言，生物进化比一个研究灯泡材料的发明家或者研究理论的科学家要惨重得多。以大雁为例，大雁体内的血红蛋白变体不啻于大自然所做的一场生存实验。如果变异的结果是血红蛋白从稀薄的空气中摄取氧气的能力提升，那么成功。但如果结果是血红蛋白失去携氧能力，那么这种变异连同这个个体就将落入万劫不复之地。

理论科学和工程技术中的失败通常不会有致命的危险，但是错误的观点也往往没有那么容易被澄清。著名的天文和天体物理学家弗雷德·霍伊尔爵士（Sir Fred Hoyle）直到 2001 年去世都拒绝接受宇宙大爆炸理论，不仅如此，他还为流感理论辩护，认为流行性感冒是太阳风减弱时外星病毒侵入地球大气所致。19 世纪的开尔文勋爵曾经用热力学定律以及他的基督教信仰作为测算地球年龄的依据，结果得出的结论只有地球实际年龄的数百分之一。

科学和技术的修罗场上从来不缺充斥着错误信念的聪明脑瓜，而且那些人往往至死不悟。量子物理的创始人之一马克斯·普朗克（Max Planck）曾经颇有洞见地表示："科学理论的胜利往往建立在异见者的坟墓之上，而不是他们的皈依，下一代人成长过程中耳熟能详的理论即他们认为的真理。"科学就像大自然，总是随着丧钟的节拍翩翩起舞。

巧合的是，大自然抵抗致命错误的秘诀之一恰好被技术发明领域所借鉴：人海战术。探索自然图书馆的生物不止一个，同样的道理，每一项重要的发明也不是某个天才孤军奋战的成果。尽管从在浴缸里泡澡的阿基米德到在专利局上班的爱因斯坦，每个伟大的科学家脑海中的世界对大多数人而言都难以想象，但是如同有成群的生物涌入生物进化的各色化学图书馆一样，科学和技术创新的另一个真相是它们的进步需要密集的资源投入。开发 FORTRAN 需要众人通力合作，而爱迪生在研制灯泡、电话和电报机的时候也借助了数十名助手的协助。

19 世纪的工业革命更是某个新兴阶层崛起的结果，这个阶层的成员主要是受过优质教育的技工，而不是衣冠楚楚的贵族科学家。这些手艺人为了提高生产效率发明了一系列新技术，包括蒸汽机和自动织布机。时至今日，任何新技术的发明，从新款手机到新式药物，抑或新型能源，都需要大量的科学家和工程师经过激烈的竞争和无数次的失败才有可能成功。从这些例子来看，如果没有试错的过程，我们很难想象有更合理的成功方式：参与的人越多，尝试的可能性也就越多，相应成功的概率也就越高。

与自然界类似，技术和科研人员们总是同时行军在各自领域的最前线。提出过"行为榜样"（role model）和"自我应验预言"（self-fulfilling prophecy）概念的美国社会学家罗伯特·默顿（Robert Merton），因他对于科学理论多起源的归纳而被科学界铭记。默顿把同一个理论的不同起源直接称作"多起源"（multiples）。类似的例子举不胜举：气体温度和压力之间的关系在英语国家被称为波义耳定律，而在法语国家则被称为马略特定律，因为罗伯特·波义耳（Robert Boyle）和埃德姆·马略特（Edme Mariotte）分别通过自己的工作独立发现了这个规律。

罗伯特·富尔顿（Robert Fulton）、马奎斯·德朱弗若依（Marquis de Jouffory）和詹姆斯·拉姆齐（James Rumsey）都是蒸汽船的"设计者"；温度计更是至少有 6 名不同的发明者。更广为人知的例子是微积分，它几乎由牛顿和莱布尼茨两人同时提出；而伊莱沙·格雷（Elisha Gray）则与格拉汉姆·贝尔（Graham Bell）在同一天申请了电话机的专利（尽管最后还是贝尔赢得了法律仲裁的专利权）。

科研以及技术多起源的现象之所以存在，是因为科学问题与自然界的生命一样，同一个问题通常有多种解决途径。最典型的例子也是科学家研究较为充分的一个问题：生物学家称之为碳固定，而工程学家称之为碳脱除，研究的关注点都是如何除去大气中的二氧化碳。生物除碳的中流砥柱是一种植物酶，它能够把二氧化碳连接到一种名为 1，5- 二磷酸核酮糖的糖分子上。一旦结合，二氧化碳就会成为新分子的一部分并参与接下来的代谢反应，并最终成为植物实体的一部分。这个过程不仅可以促进植物生长，让今天的我们能够用上化石燃料，它也是碳元素在生物圈和非生物圈循环的方式。

不过自然界并不是只有植物拥有固定碳的能力，某些细菌能够用乙酰辅酶 A，而另一些则可以利用三羧酸循环中的某些中间代谢产物固定二氧化碳。试图阻止气候变暖的环境工程师也在研发更先进的碳脱除技术，比如利用乙醇胺或氢氧化钠分子固定二氧化碳。

默顿的多起源理论在许多其他例子中也适用。汽车的发动机可以是往复活塞式，也可以是偏心转子式。汽车的燃料燃烧可以靠汽油发动机的火花塞来触发，也可以用柴油发动机的压缩热来触发。生物可以用灵活的单眼感知光线，也可以借助复杂精致的眼球感知光线。生活在极圈的鱼类体内的抗冻蛋白前身是不同酶的晶体蛋白及高度多样化的携氧球蛋白，都是生物对于同一个问题的多种解决方式。

　　科学技术和生物创新的另一个共同点是擅长废物再利用，这在技术发明的历史上体现得淋漓尽致。根据作家斯蒂芬·约翰逊（Stephen Johnson）的记述，约翰内斯·古登堡（Johannes Gutenberg）发明印刷术的契机是他从别人那里借来的一台机器，那台机器配有螺旋传送装置，在设计之初是用来给客人上酒的，而古登堡对它做了改装使它成为驱动新媒体运转的高效引擎。用于加热食物的微波炉技术最早来自雷达：一名雷达工程师在微波融化了他口袋里的一条巧克力棒后发现了微波的加热功能，最初投入商业使用的产品名称正是"雷达炉"。

　　轻质合成材料凯夫拉（Kevlar），发明的初衷是用以替代赛车轮胎上的钢质材料，而现在则大量应用于防弹背心和钢盔的制造。还有一些甚至都称不上"创造"的普通装置也是"旧瓶装新酒"的产物，比如两个锯木架上摆上一块门板就是一张粗糙的桌子；一只靴子也可以当简易的制门器使用；牛奶箱同时也是上好的档案柜，等等。爱迪生说得好："想要创造，你需要先有想象力和一堆无用的垃圾。"

　　1982 年，古生物学家史蒂芬·杰伊·古尔德和伊丽莎白·弗尔巴（Elizabeth Vrba）把生物学中的这种现象正式命名为"扩展适应"（exaptation）。事实上，达尔文才是这方面的引领者，他在《物种起源》中就提醒读者，"某个针对特定目的构建的器官可能出于适应更多功能的目的而发生改变"。扩展适应最经典的例子是鸟类的羽毛，构成鸟类羽毛的主要成分与构成爬行动物的鳞片的成分相同，是一种被称为角蛋白（keratins）的致密纤维蛋白。羽毛最初的功能很可能是保温和防水，后来才演变（或者说"扩展"）为用于飞行。

扩展适应的现象在分子水平也很常见，例如那些调节羽毛合成的调控分子。其中一种蛋白质叫"音速刺猬"（sonic hedgehog）。没错，正是那款著名的电子游戏的名字。这种蛋白质在人类体内负责控制手指和脊髓的生长，而在鸟类体内则与羽毛的生长有关。一种控制后肢形成的调节蛋白在蝴蝶体内负责控制眼状斑点的发育，某些代谢酶更是直接参与晶状体的形成。

扩展适应的例子是我们要探讨的自然和技术之间的最后一个共同点：创造在一定程度上就是对原有事物的组合优化。我们第一次了解到这个事实是在探讨代谢时，生物通过对已有化学反应的组合把有毒的五氯苯酚代谢成可利用的能源物质，或者把体内有毒的成分代谢成低毒的尿素。对于蛋白质而言，新的创造来自对已有氨基酸的重新组合。而在调控环路中，新的环路起源于调节因子之间新的相互作用。技术发明上的创造也逃不出优化组合的套路，以航空工业的喷气式发动机为例，它的三个主要组成部分分别是提高气压的空气压缩机、混合空气和燃料的燃烧室以及产生动力的旋转涡轮。

在 20 世纪，当来自英国、德国、匈牙利和意大利的工程师们埋头研制世界上第一台喷气式发动机时，上述三个部分都已经不是什么新鲜玩意儿了。最早的空气压缩机是装在熔炉上的风扇，人类利用工业风扇的历史已经超过了 2 000 年；蒸汽机车和内燃机车则是燃烧室不可或缺的操作设备；阿基米德在公元前 3 世纪就已经发明了螺旋涡轮，第一个燃气涡轮发动机的专利出现在 18 世纪晚期的英国。

喷气式发动机的发明并不是优化式创新的特例。几十年前，以经济学家约瑟夫·熊彼特（Joseph Schumpeter）和社会学家科拉姆·吉尔菲兰（S.

Colum Gilfillan）为代表的社会科学家都认为对已有事物的组合优化是发明创造的关键。经济学家布莱恩·阿瑟（W. Brian Arthur）在他的《技术的本质》[①]中甚至直言，"无论什么新技术都必须建立在已有的技术基础之上"。从前面的章节我们大概能够体会，同样的道理在生物学中也适用：任何生物进化中的新性状，无论它在无尽的宇宙图书馆中的哪个角落，都是组合优化的结果，就像每一本新书都不过是对已有文字的重新组合而已。

试错、人海战术、多起源及组合优化都是科学技术和自然界之间相似的地方，难怪技术学家一直想要模仿自然的创造能力。这里我指的不仅仅是生物技术专家，尽管人类在生物技术领域已然硕果累累：从可以把沾满泥渍的裤子洗得干干净净的含酶洗衣粉到糖尿病患者使用的人工合成胰岛素、通过基因工程培育的抗虫作物。生物技术的材料取自生物本身，因此它从一开始就已经利用了自然图书馆带来的便利。我在这里想搞明白的是，与人造材料打交道的技术学家是否也能享受同样的便利，比如利用玻璃、塑料、硅质材料或 YaMoR 的专家。

技术创造与生物进化并没有我们想的那么神秘，反而特别因循守旧。技术学家们早就发现，创造的过程犹如一个按部就班的算法，连机器都能重复。变异通过改变 DNA 创造具有新表现型的生物，其中一些经过自然选择幸存下来并繁衍生息，这个过程就是在变异、选择中不断循环往复。意识到这一点的技术学家，确切地说是计算机科学家们，据此创立了一个全新的领域，以研究生物进化的算法，他们想要完全依靠计算机解决现实世界中的复杂问题。

[①] 《技术的本质》中文简体字版已由湛庐文化策划、浙江人民出版社出版。——编者注

一个著名的例子是广为人知的旅行推销员问题（traveling salesman problem），这个数学谜题由爱尔兰数学家威廉·罗恩·哈密尔顿（William Rowan Hamilton）在 19 世纪中期提出。旅行推销员问题的预设条件并不复杂：一个推销员要出门拜访几个身处遥远城市的潜在客户，每个客户都住在不同的城市。推销员需要乘车或乘坐飞机前往，这意味着旅程中会耗费大量时间。而推销员是个恋家的人，他希望在保证造访客户数量的基础上，每趟出差的时间越短越好。旅行推销员问题讨论的是，找出一条经过所有城市的路线，让推销员能够以最快、最高效的方式完成出差。

这个数学问题的难度远远超出它的表象。如果城市的数量不多，几乎任何人都能轻松设计出最短的旅行线路。但是当需要考虑的城市数量超过十几个时，最优路线的制订就变得异常困难。旅行推销员问题属于计算机科学家口中典型的"非确定、多项式"的计算问题。这类命题是目前最困难的计算问题之一，困难的原因在于问题的解决方案将随着城市数量的增加呈指数级上升。

围绕旅行推销员问题已经有上千篇相关论文发表。关注这些论文的读者并不是推销员，而是计算机芯片的设计师。计算机芯片内包含了数以亿计的元件，电子元件之间通过连接进行数据交换。由于缩短元件之间的连接距离能够在节省电能的同时提升计算速度，所以制订电路元件（"城市"）之间的最短路线自然也就成了芯片设计师们的诉求。为百货公司运送货物的卡车司机、联邦快递以及到社区接送学生的校车对这个问题都不会感到陌生。甚至大黄蜂也需要解决这个问题：一只工蜂每次回巢前可能要"拜访"数百朵花，对它们而言，走太多的冤枉路就意味着负担不起的浪费。

　　如果考量的"城市"数量在数千座上下，那么以复杂的数学手段为推销员设计最佳路线依然是可行的。虽然这些数学理论复杂高深，但是从名字上却一点看不出来，比如"切割平面法"和"分支定界法"。当城市数量上升到百万级别时，这些方法依旧能够制订出接近完美的路线。不过严谨的数学算法并不是必需的，生物学家们愚钝而盲目的算法同样能够解决问题：首先让计算机随机生成一个路线方案——任何路线都可以，无论它多么低效。然后，由计算机程序对生成的路线进行修改，每次只改变其中几座城市（在不同的情景中也可以是停留的商铺、学校或花）之间的线路，继而查看新的路线是否比原来的更短。如果路线的确变短了，就选择继续改变后面的新路线。下一步再重复上述过程，再比较。而如果线路没有缩短就放弃新路线，回到原有的方案上。经过足够多的尝试，这种简单的算法同样能够让路线变得越来越短，最终找到的路线就算不是最优解，也是相对最理想的路线之一。

　　这种进化的算法还被应用在了一些你想不到的地方。比如军事作战计划制订员用这种方式设计无人机在敌方领空的最佳巡航路线，密码编译人员用这种方式为敏感信息加密，基金经理用这种算法预测金融市场的动向。汽车工程师也可以通过优化发动机内燃料注入的时间和压力，调整它的运作，而这种算法不负众望，的确能够提升发动机的燃料效率。需要注意的是，仅仅提高燃料效率并不足以推动发动机设计上的改革。

　　模拟生物进化的进化算法确实是一种强大的工具，但是似乎还缺点儿什么。它们欠缺生物进化的核心部分：组合优化。**大自然是组合优化的一把好手，而原因非常简单：标准化。**

我们在第 2 章中已经探讨过，类似通用能量载体三磷酸腺苷以及通用遗传密码等标准化物质的存在，是生命有着共同起源的最佳证据。而人类技术工程中缺少如此高度的标准化，往往只能通过不断创造新的标准推动技术进步，这又构成了组合优化难以实现的主要瓶颈。为了让空气压缩机、燃烧室和涡轮引擎组合到一起推动数吨钢铁飞上天，技术人员着实为不同的工业标准耗费了一番心力。现今汽车内燃机的发明也是一样，发动机的零件接口必须做到标准化，比如活塞、阀门与汽缸的尺寸必须相符。工业革命中许多标志性的发明也经历了类似的过程。第一台投入使用的蒸汽机实际上是 2 世纪亚历山大港的蒸汽动力玩具和 17 世纪德国真空泵的组合。钳工用台虎钳只不过是把两种古老的机械结合到了一起：杠杆手柄和螺纹装置。最早的自行车由三部分构成：轮胎、杠杆以及滑轮。除了创意，这些发明全都建立在统一的工业标准上。

如果说技术工业领域没有标准，那就有点言过其实了。技术发明依赖的通用标准不仅包括科学研究的自然规律，更重要的是测量方式的标准化，比如温度、质量以及电荷。不过大多数技术领域不像大自然，技术领域缺乏特定的标准化规范。自然界需要严格的标准化，因为它不像人类发明家，可以用额外的心力弥补工业标准上的不足。

功能不同的蛋白质，有的能催化反应，有的能推动分子转运，还有的能维持细胞存活。这些功能的结构基础都相同，都是由氨基酸以同样的连接方式组合而成的。氨基酸之间的标准化连接方式是"肽键"，由一个氨基酸分子的氮原子和相邻氨基酸的碳原子构成。尽管每种氨基酸自身的结构不同，但由于"接口"的标准化，它们依旧能以相同的方式连接到一起。正是不同生物体内的氨基酸连接的标准化造就了我们熟悉的自然界。没有标准化，就没有超宇宙级数量的基因型。自然图书馆如果不能畅通无阻，生物进化也就寸步难行。

让组合优化成为现实的标准化不仅仅是蛋白质的专利，RNA 也以标准的化学键连接单位分子。生命储存遗传信息的标准规范 DNA 使得细菌间的基因转移和性状组合成为可能。调控环路也以标准化方式调节着基因的表达，调节因子蛋白都能够识别和结合特定的 DNA 片段，通过改变不同基因前的调节片段，同样的调节因子能发挥不同的作用。我们手头只有一些为数不多的小部件，只要我们能够制订一种标准化的连接方式，然后以所有可能的方式对它们进行组合，无论这种组合多么盲目，我们创造新事物的潜力都已经和大自然不相上下了。

这种标准化的过程对于人类的工程技术领域来说显然是力所能及的：流行的乐高积木就是很好的例子，此外，另一项古老得多的技术也是很好的例证。

16 世纪的威尼斯人安德里亚·帕拉迪诺（Andrea Palladino）是西方历史上最具影响力的建筑师之一。在漫长而光辉的职业生涯里，他至少为 16 个威尼斯最富有的家族设计过豪宅，修建过 30 座乡间别墅，还设计过数座教堂。帕拉迪诺的平面设计图总是风格迥异，每张设计图之间有着天差地别。他设计的建筑在建筑面积、户型、朝向以及房间布局上都不尽相同。

即便如此，这些房子依旧带有帕拉迪诺独特的风格烙印，虽然多数人可能说不清这种烙印究竟是什么。20 多年前，艺术史学家乔治·赫西（George

Hersey）与计算机专家理查德·弗里德曼（Richard Freedman）试图通过合作研究解释这种独特的风格，寻找隐藏在帕拉迪诺平面设计图中的秘密。他们的想法是，如果帕拉迪诺的设计图背后当真有特定的规律，那么我们肯定能用相应的算法模拟一张帕拉迪诺风格的设计图。

为了提取出帕拉迪诺风格的必要元素，赫西和弗里德曼分析了数十座帕拉迪诺式别墅的结构：房间的朝向、墙壁的布局、相邻房间的长度是否有特定的比例等。最后，他们成功了。两人设计的计算机程序最终成功创造了一张帕拉迪诺风格的平面设计图。设计图里所有的细节都和已有的帕拉迪诺式建筑不同，无论是面积、朝向，还是房间布局，但是明眼人都能一眼认出这张新设计图里充斥着帕拉迪诺风格。

这个程序的算法在设计平面图时，会先勾出建筑的轮廓，这个轮廓往往呈矩形，然后算法会再用垂直或者水平的线贯穿矩形——这些直线代表墙壁，在建筑里分隔出不同的房间。一条直线可以把房子分隔成两个部分，而两条平行的直线则可以把房子分隔成三个部分，以此类推。每个房间继而以相同的方式被分隔，小房间再以这种方式继续分隔……直到房间的大小符合进一步设计的需要。对一个矩形用相互平行的垂直或水平线进行多次分割，每次用一条或多条直线，我们几乎可以绘制出无限多样的平面设计图。

帕拉迪诺的设计风格既不是刻意做作也不是随意而为，也没有听起来那么复杂高深。举例来说，如果一个房间被一条直线分隔成两个小房间，通常两个小房间的面积相同，或者其中一个是另一个的两倍大。而如果这个房间被两条平行线分割，通常中间的房间是两侧房间的两倍大。只要掌握这两点和其他几条规律并灵活运用，就算是计算机也可以模拟出这种最富盛名的文艺复兴时期的建筑风格。

自然界刻板的组合方式当然和计算机模拟帕拉迪诺风格的过程不完全相同。蛋白质是由更小的氨基酸组合而成的产物，而帕拉迪诺式建筑则是分割矩形建筑的结果。不过两者的共同点更值得关注：不管是蛋白质还是建筑学，都是用有限的基本元素和更有限的组织原则创造出种类庞杂的新产物。如果这个规律在工业革命前就已经存在于建筑学中，那么我们有理由推测，它也极有可能存在于工业革命之后的工程技术领域。

YaMoR 就是一个很好的例子，它代表的领域正是现代数字技术。

控制机器人的电脑芯片上嵌有无数个晶体管，集成电路上的晶体管是一个只能对电压有无做出两种反应的简单电子元件："0"代表没有电压，关闭开关；"1"则代表有电压，打开开关。所有的晶体管协同合作，对一串输入的数据流进行处理之后，再以一连串"0"和"1"的形式输出。每个晶体管相当于一个位，或者也叫二进制位。晶体管只有开和关两种状态，它们是计算机理解所有信息的基础。数学家对计算机工作原理的描述更精确，他们将计算机的工作状态描述为函数值的计算，即电路获得一个输入，经过演算和处理获得一个输出。电路演算所使用的函数，其名称出自英国数学家兼哲学家乔治·布尔（George Boole）1854 年的著作《思维规律的研究》。布尔创立的学术分支是科学上一个巨大的进步，而世人口中的布尔函数，早已经成为现代计算机科学的核心。

布尔函数中最简单的逻辑之一是与（AND）函数，你的每次搜索几乎都离不开这个函数。举个例子，如果你想找某首乐曲的电子版散页乐谱，譬如莫扎特的《魔笛》（*Magic Flute*），搜索引擎会检索所有标题中含有"莫扎特"的曲谱，对于每个标题，返还的结果要么为"是"，要么为"否"，用一个位来表示也就是"1"或者"0"。接着，引擎对"魔"字也会进行相同的处理。于是，就每个标题而言，两个关键词分别有两种返还结果，组合之后一共有4种不同的可能情况。数字编码的0-1阵列可以用数学家们习惯的方式书写，来替代布尔函数的函数值，这种写法被称为真值表。与函数的真值表写法如图 7-1 中 a 表所示，对于函数的每个输入，两个关键的检索结果分别在表格的左侧沿着纵向标出，表格右侧则是 4 个最终的返还值，也就是函数的输出，还是用"1"和"0"的形式标记。最终得到的 4 种结果中只有一种返还值为"是"——只有当先前两个输出的结果均为"是"，才算作《魔笛》检索的一个可能值。

a

莫扎特	魔	莫扎特与魔
1	1	1（是）
1	0	0（非）
0	1	0（非）
0	0	0（非）

b

莫扎特	魔	莫扎特与魔
1	1	1（是）
1	0	1（是）
0	1	1（是）
0	0	0（非）

c

莫扎特	非莫扎特
1	0（非）
0	1（是）

图 7-1　真值表

如果你想要找标题中有"莫扎特"或者"魔"（或者兼有两者）的曲谱，搜索引擎需要运行另一个布尔函数：或（OR）函数。或函数和与函数的数据输入过程相同，都是检索所有含有"莫扎特"和"魔"的标题，但是它们判定的规则却不同。在或的逻辑里，只要输入数据的两个结果有一个为"是"，那么最终的输出结果就为"是"（如图 7-1b）。所以，或函数的输出中不仅会有《魔笛》，还将有莫扎特的其他 626 支曲目，此外还有桑塔纳（Santana）的《黑魔女》（*Black Magic Woman*），史蒂维·旺达（Stevie Wonder）的《如果这就是魔法》（*If It's Magic*）等。布尔函数中还有一个更简单的逻辑函数，非（NOT）函数（如图 7-1c）。非函数将输出所有返还值为"否"的结果，在这里，它可以帮你找到所有标题中不包含关键词"莫扎特"的曲谱。

与、或、非以及很多其他独特的布尔函数，比如 XOR、XNOR、NAND以及 NOR，帮助我们把自然语言中复杂的问题翻译成一串计算机能够理解的二进制数字。不仅如此，二进制数字与十进制一样，能够进行加减乘除运算。无论一台计算机有多么高端复杂，它的集成电路都在执行最基本的算数运算和简单的布尔函数，比如与函数。只需要两个最简单的数字，0 和 1，加上布尔函数，数字计算机就能够识别图片、对数据进行加密、发送语音邮件或是预测下周二的天气。如此看来，算数存在的意义远远不止是小学的数学考试而已。

布尔函数另一个非凡的特征是简单函数能够通过叠加组成复杂函数，在叠加的过程中，一个函数的输出可以作为下一个函数的输入。这就像一个乘法运算（4×3）可以用一个加法运算来代替：（4+4+4）。不仅如此，虽然理论上可以有无数种布尔函数，但每一种布尔函数都不过是与、或和非三个简单函数组合叠加的结果。这对于计算机来说非常重要，因为在集成电路中，晶体管往往通过串联形成计算单元以执行不同的布尔逻辑函数，这些晶体管单元因此被称为逻辑门。

图 7-2 中展示了几种简单的逻辑门，芯片设计师用这些示意图来代表与、或和非逻辑门。每个逻辑门的左侧都有一条或者两条直线代表输入，对应一个或者两个位。而右侧的一条直线则代表唯一的输出。图 7-3 中数个门电路被连接到一起以完成最简单的算数：计算两个二进制数字的相加之和——如此简单的运算已经需要 6 个逻辑门，而每一个逻辑门中包含了多个晶体管。现代计算机能够加减乘除的极限当然已经远远不止 64 位，涉及的逻辑门数量也往往达到了百万级。

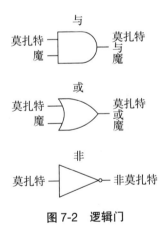

图 7-2　逻辑门

大多数集成电路在出厂前就会完成硬件连接，而像 YaMoR 这样的机器人则配备了可编程硬件，它们的芯片中某些逻辑门电路能够被修改，例如把某个与门电路改成或门电路。此外，不同逻辑门之间的组合方式也可以发生改变。有些可编程芯片甚至能在进行运算的同时修改逻辑门。逻辑门数量达到百万级别的电脑芯片已经不是小孩子手里的玩具了，而是灵活强大的计算引擎，它能帮助计算机学习许多人类才知道的东西。通过对自身硬件的修改，自主机器人不仅能移动，还能学会避开低洼的坑洞和其他陷阱。

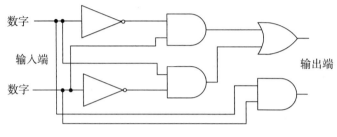

图 7-3　计算二进制加法的电路

如果你觉得上面这些听起来很熟悉，那是因为这与生物进化中一次改变一个分子的过程十分类似。可编程的逻辑门电路相当于可变的基因型，而不同的算法则相当于不同的表现型。和进化类似，计算机学习的过程需要不断试错。在这个过程中，良好的表现会受到激励和加强，而不好的行为则会受到惩罚和削弱。当然机器人受到的惩罚往往不会像进化那么严厉。如果未来某一天你拥有的某个机器人高尔夫打得不太好，它大可以多多练习它的站姿、握杆或者甩杆技巧，而不是直接被淘汰。

另外，这种学习方式也不需要遗弃原有的知识。比如在学习高尔夫的前后，即便你脑中与坐、走、跑、跳等动作有关的神经环路逐渐发生改变，你依旧能够执行这些动作。逻辑门与生物进化的共同点还不止于此：逻辑门电路之间的连接属于通用连接，因为逻辑门的输出可以被任何其他逻辑门的输入所识别，就像蛋白质中标准化的肽键。只是对于蛋白质而言，肽键的合成、断裂和修饰要简单得多，而生产一块能够随意修改的标准化电路则要经过精心设计且耗费大量的人力。

标准化连接和少数几个基本逻辑门这两个条件已经足以打造出一款能够击败人类国际象棋冠军、从数百万页书中找出特定的一页或者"打印"3D物体的电脑芯片了。现实生活中的可编程芯片会让人联想到大自然的进化能力，如果有一座数字电路图书馆，里面收录了逻辑门电路所有可能的组合方式，那么它的组织形式会不会和自然图书馆一样？这个问题的答案将告诉我们，生物进化的曲速引擎是否有适用于工程技术发展的改装版本。

卡蒂克·拉曼（Karthik Raman）为我们找到了答案。拉曼毕业于印度最顶尖的大学之一印度理工学院，他选择了我的实验室继续博士后研究。而拉曼可不是空手而来的，他带着他对于科学的极度狂热，面对失败毫不气馁的毅力以及分析复杂数据的鬼才天赋，跨进了我的实验室。当我提出让他研究可编程电路图书馆时，他二话不说就扑到了这项研究上。

虽然如今市面上的可编程芯片中，逻辑门的数量往往在百万级。但是经过严谨的估算后，我们认为研究规模相对更小的集成电路是一个更好的选择。如果我们考量一个包含 16 个逻辑门的集成电路，可能的电路数量将达到 10^{46} 个，这个数字会随着逻辑门的增加以指数级增长。当逻辑门达到 36 个时，电路的可能数量已经超过了 10^{100} 个。巨大的基数倒是让是否要制作芯片进行实物测试的疑问显得清晰明了：面对数百万个需要测试的电路，我们也只能用计算机对它们进行模拟了。

包含 16 个逻辑门的集成电路理论上能够演算 10^{19} 种布尔函数，不过我们以前并不清楚图书馆内的电路是否都有功能。说不定其中大部分的电路只能执行一些比较低级的计算，比如加法和乘法。为了寻找答案，拉曼首先构建了一张巨大的网络，并向其中添加尽可能多的集成电路。他设计了 200 万种集成电路，每种电路中的逻辑门之间都以随机的方式互相连接。这 200 万种不同的电路可以演算出 150 万种不同的功能函数，而其中只有寥寥数种函数类似于我们熟悉的与函数。虽然拉曼在研究中已经尽了很大努力，但是他的工作仍然只涉及了一小部分集成电路，有待验证的集成电路数量是 200 万的 10^{40} 倍，而布尔函数的数量则是 150 万种的 10^{12} 倍。拉曼的工作告诉我们，即便是简单的集成电路，同样能够计算数量庞大的布尔函数。

由于图书馆中电路的数量要远远多于布尔函数，确切的数字是 10^{26} 倍，所以图书馆中许多电路表达的含义应当是相同的，含义相同的文本执行相同的逻辑函数，但是我们并不知道它们的组织方式。为此拉曼随机选定了一个执行任意函数功能的集成电路并寻找它的相邻电路。他寻找的方式是对集成电路中的逻辑门进行调整，例如把某个逻辑门的输入端调换到另一个逻辑门的输入端。

如果这种"突变"后的集成电路依旧可以执行原来的逻辑函数功能，拉曼就选择留下它。如果逻辑函数改变，他就重新尝试其他连接方式。通过重复这个过程，拉曼的集成电路一步一步地远离最初的起点，而电路的函数功能保持不变。拉曼从某个随机集成电路出发，在保证函数功能不变的情况下进行随机游走，重复了上千次。

集成电路网络中随机游走能够到达的距离，甚至比我们在之前章节中探讨过的基因型网络都远：大多数集成电路可以在保证函数功能不变的情况下，从图书馆的一端走到截然相对的另一端。两个集成电路除了执行的函数功能相同之外，可以说毫无相似之处，从单个逻辑门到多个逻辑门之间的连接方式皆不同，但是它们的确都位于同一张集成电路网络中，只要不断改变基本逻辑门之间的连接就可以把其中一个变成另一个。不仅如此，在研究中我们还发现，无一例外，所有的函数都具备这个性质。也许这是所有二进制逻辑门电路的一个基本特性。数字图书馆和生物图书馆相比，也许有过之而无不及。

下一步，拉曼把注意力转向了集成电路所在的社区，他首先寻找某个电路所在的社区，确保这些相邻的集成电路与原电路功能相同，然后再寻找社区电路的相邻电路，列出它们所有的函数功能。拉曼发现，这些社区的多样程度与生物图书馆不分伯仲。功能相同的不同集成电路所在的社区中，有超过 80% 的集成电路执行着不同的函数功能。和生物图书馆类似，对于集成电路而言这是一件好事：一个集成电路能够维持自身的函数功能，同时又保留有巨大的改变潜力。虽然一个集成电路的所有相邻电路仅有大约 60 种新的函数功能，但是只要对逻辑门的连接进行 10 次改变，潜在的新函数数量就达到了 100 多种；100 次改变后，这个数字变成了 400 多种；而如果我们从起点走出 1 000 步，那么沿途将遇到近 2 000 种新的函数。

在先前的章节中我还打过多维空间网络的比方，基因型网络就像一块复杂得难以想象的编织物，而且这块织物只存在于高维空间。拉曼发现这个比喻同样适用于集成电路，功能特定的某个集成电路能够以任何一个随机电路作为起点，通过改变若干个逻辑门之间的连接而获得。数字电路也像一块高维空间的纺织物，这张网络让我们寻找所需功能函数的效率得到了大大提升。

通过与基因型网络的对比可以得知，集成电路网络具备推动电脑芯片优化的所有特征，它就是硬件进化的曲速引擎。未来的某一天，YaMoR 的继承者将不仅能够经过学习避开路上的坑洞，还可以学会更复杂的技能，比如洗碗、照顾孩子打球等。它们的数字大脑可以通过按部就班的修改和优化，在不影响原有行为的基础上习得新的技能，温故而知新。如果有人说我们的大脑也在用相同的方式进行学习，我一点都不会感到惊奇。如今我们都知道，在人的一生中，大脑中神经元之间的突触连接始终在发生着变化，而这种变化与生物探索基因型网络的方式相似。倘若如此，工程学借鉴生物进化的日子将指日可待。

不幸的是，我们对工程学该如何借鉴生物学依旧一无所知。我们仍然不知道创造力的物质基础到底是什么。不过我们也发现，新的技术发明不是免费的，因为拉曼找到了标价签，而这个代价我们并不陌生。

拉曼对逻辑电路的复杂性进行了分析，也就是电路中包含的逻辑门的数量多少。他找到了最简单的逻辑电路，所谓最简单，就是无论多小的改变都无法保证电路的功能不变。最简电路中的每一个逻辑门、逻辑门之间的每一处连接都至关重要，稍作改变，电路的函数功能就无法维持。因此，最简电路的结构和算法无法被改进，经得起修改和优化的电路需要一定的复杂度。越复杂的逻辑电路对修改的耐受性越高。

复杂电路中看似多余的逻辑门和逻辑门连接就像备用零件，用以帮助芯片学习新的函数功能，它们就是爱迪生所说的"无用的垃圾"。和生物学中一样，看似多余的复杂性，其实对进化而言全关重要。这就是人类的工程技术能够从自然界借鉴的东西之一：如果我们想撬开创造力的黑匣子，奥卡姆剃刀的刀刃多少显得有些单薄。如果说精简主义是水，那么创造力就是油，两者互不相融。

但是这并不意味着技术创新的领域里容不下精简主义和高雅主义。恰恰相反，只是它们藏在更深的层次里。高雅主义的实质就是精简主义本身：利用有限的原料和有限的规则，创造出世界万物。利用这个规则，大自然创造了蛋白质，创造了调控环路，创造了新陈代谢，创造了生命。从简单的病毒到复杂的人类，继而催生了我们的文化和技术：无论是《伊利亚特》还是iPad。**技术发明的精简主义和高雅主义就像自然图书馆，隐藏在现实世界的背后，看不见，摸不着。我们只能从生命之树上觅得一些亦真亦幻的风影，就像柏拉图洞穴里的变幻之影。**

柏拉图的洞穴

　　1970 年 10 月，科普杂志《科学美国人》（*Scientific American*）上刊登了一篇文章，报道了英国数学家约翰·康韦（John Conway）设计的一款生命游戏"Game of Life"。这个"游戏"的参与者不是人类，而是计算机中以小方格代表的细胞，每个细胞有"开"（生）和"关"（死）两种不同的状态。在计算机内的网格图中，每个小方块被另外 8 个方块包围。游戏的规则很简单：如果每个细胞周围的细胞中存活的细胞少于 2 个，那么它的状态就转变为"关闭"，按照游戏中的术语来说，就是"它死了"。如果细胞周围存活细胞的数目大于或者等于 4 个，它也会死去。而如果细胞周围活细胞的数量是 2 个或者 3 个，它就能够存活。最后一条游戏规则是：如果一个死细胞周围有且仅有 3 个活细胞，那么它将复活。这个游戏的设计原型是如何构建一台自我复制的机器，它的提出者是一代通才约翰·冯·诺依曼（John von Neumann）。

　　这就是生命游戏的全部规则。游戏一旦开始，所有细胞的生死存亡都以上述规则为准，而游戏接下来发生的一切远远没有人们想的那么简单。计算机中的图形变化模式相当复杂，变化样式无穷无尽，无法预测，例如有的细胞可以通过自我复制完成"传宗接代"。从简单的开局开始，生命游戏可以无限进行下去，不断生成复杂的图形，变幻莫测。

这简直就是真正的生命！

生命游戏更像是一则生命的隐喻，而不是对生命的模拟。它带给我们的启示非同寻常：用数学和计算机科学研究生命的多样性是可行的。当然这个想法在生命游戏出现之前早已萌芽。在《物种起源》出版 17 年之后，达尔文在他的自传中写道："我一直懊悔于没能在数学方面有所精进，领略它的博大精深。我羡慕那些颇有数学天赋的人，他们似乎有着异于常人的洞察力。"

达尔文逝世 4 年之后，萨莉·加德纳发明了诡盘投影仪，他们两人的工作都在各自的领域中掀起了革命。不过，就算达尔文真的是一位数学家，他依旧会迷失在寻找生命建筑师的黑暗里，或者更糟，他可能根本就不会意识到进化的存在。在巨大的自然图书馆里，光有达尔文的进化论还远远不够，生物进化的科学理论之光需要更多燃料。

生物学和数学需要更立体的交织，当这一点实现时，时间已经又过去了将近一个世纪。休厄尔·赖特和费希尔是这个领域的先驱，他们用数学理论填补了传统达尔文进化论和孟德尔遗传学之间的空隙，首次通过计算预测了自然选择对推动生物进化的助益程度，为现代进化论的建立奠定了基础。而后半个世纪转瞬即逝，直到系统生物学出现，我们才窥见微观分子的相互作用如何造就了生物复杂的行为和表现型。当然，如果不是这些研究，我们也不会知道细胞比生命游戏中的方块要复杂得多。细胞的调控环路与人类大脑中的神经网络类似，它们都能通过执行复杂的计算以调节分子行为，维持自身的存活。虽然生物的调控环路与数字计算机差异巨大，但是拥有实体的生物与虚拟的数学和算法之间却有着某种深深的羁绊，这连康韦和达尔文都没有猜到。

系统生物学中强大的数学工具让我们能够破译自然图书馆中每个基因型所对应的表现型，这是我们利用计算机研究生物进化的先决条件。在研究的过程中，我们意识到了基因型网络的存在，而基因型网络正是新性状的源头（不管是新的代谢、生物大分子还是调控环路），也就是生命的源头。生命从混沌之初发展到单细胞生物，从细菌、真菌的远古祖先到原始的蠕虫、鱼类、两栖类、爬行类，直到人类出现，经历了万亿年的繁衍生息。而在这个过程中，基因型网络功不可没。

光有基因型网络还不够，如同宇宙尘埃只是循着引力的引导就形成了巨大的星系，数学让我们意识到自然图书馆在自组织过程中也遵循一个简单的规律。这个规律就是普遍存在的发育稳态，而遗传上的稳定性来自复杂性。一定程度的复杂性让生物能够适应不断变化的环境。由此，我们发现了自然图书馆中馆藏之间紧密交织的相互关系。

我们在书中探讨的图书馆与解剖学家研究的肌肉、神经和结缔组织完全不一样。它们甚至不像单细胞生物那样能够用显微镜看到，也不能用观察 DNA 晶体结构的 X 射线成像。它们是触不可及的抽象概念和数学模型，只允许我们借助思维徜徉其中。

那这些图书馆是不是只存在于我们的想象中呢？它们是客观存在的，还是我们凭空捏造的呢?

那么知识(尤其是数学)到底是客观存在的,还是我们发明创造的呢?哲学家们对这个问题的讨论至少可以追溯到毕达哥拉斯或者柏拉图,已经有超过2 500 年的历史了。柏拉图认为,人类肉眼可见的世界不过是墙上的虚幻投影,在其之上是更高阶的理性世界,正是这个更真实的世界将自己的影子投射在感官世界的墙面上。柏拉图学派认为,客观的真理是存在的,只是它们存在于更高阶的理性世界之中。真理本身并不以人类的存在为前提,比如不管人类有没有观察或者意识到,月球的背面一直都客观存在。而相反的声音也一直存在,比如奥地利哲学家路德维希·维特根斯坦(Ludwig Wittgenstein)就认为,数学是人类发明的产物,用维特根斯坦自己的话说就是"数学家是发明家,不是发现家"。

柏拉图学派在这场辩论中略占上风,虽然最好的论据可能连柏拉图本人都不知道。这个论据就是数学理论与物理事实之间惊人的吻合性,借用伽利略的一句名言:"数学是上帝书写宇宙时用的语言。"所有天真的创世论者都应当听听这句话。诺贝尔奖得主、匈牙利籍物理和数学家尤金·魏格纳(Eugene Wigner)曾经说:"数学在研究自然科学中简直有用得难以置信。"

确实难以置信。我们不知道为什么牛顿定律除了预测苹果下落的速度之外,还能用来计算行星的自转、预测星系的形成。但它们就是可以。此外还有无数数学定律,它们能够解释许多时空上遥不可及的现象,我们甚至都不用直接观察或是体验到它们。数学与现实之间的联系着实紧密,瑞典理论物理学家迈克斯·泰格马克(Max Tegmark)[①]甚至直言,宇宙的本质就是数学。

---

① 平行宇宙理论世界级研究权威、MIT 物理系终身教授。其权威巨著《穿越平行宇宙》中文简体字版已由湛庐文化策划、浙江人民出版社出版。——编者注

　　但如果仅仅是"有用得难以置信"，还不足以证明自然图书馆和基因型网络的真实性。让它们进入我们视野的另一位功臣是 21 世纪的工程技术。有了技术的帮助，一场纸上谈兵的辩论转而变成了一门实验科学。转变发生的原因是我们拥有了读取自然图书馆中馆藏的能力。比如，我们可以构建蛋白质图书馆中的任何一本馆藏，然后用生物化学手段解读它的化学含义。自然界的生物早就先我们一步找到了不少蛋白质，而它们在生物体内的作用常常出乎我们的意料，比如抗冻蛋白、晶体蛋白和 Hox 调节因子家族。我们几乎可以肯定，自然图书馆中还有无数的惊喜，远非人类的发明创造所能企及。

　　当我们探讨自然图书馆时，我们的目的不仅仅是寻找生命的起源与科技创新的来源。我们希望哲学中最历久弥新的命题能够引发读者的些许思考。我们的研究发现，推动生命进化的动力可能比生命本身更古老，甚至比时间更古老。

扫码获取"湛庐阅读"APP，
搜索"适者降临"查看本书参考文献。

听闻此书即将交付印刷出版，内心百感交集。

与此书的相遇缘起于大学时的同学侯新智，侯作为科班的语言专业出身，领我入了英文书籍翻译的门，只可惜我到现在为止依旧是半路出家的水平。在湛庐文化的第一次翻译经历始于侯先斩后奏将手头正在翻译的半本书交给了我，在此也感谢简学老师对此的宽容大度。第一本书完成之后，简老师一错再错，把这本《适者降临》送到了我手上。非常感谢两位提供的机缘。

郝莹老师现在步了简老师的"后尘"，承蒙错爱。

翻译的过程说不上艰难险阻，但也并非顺风顺水。对于一个哲学门外汉来说，书中大量的哲学内容探讨让我甚是头疼，每每碰到理解上的难题时，幸而有哲学系的同学赵梦雪帮我出谋划策。书籍翻译不在势头猛，而在细水长流，翻译之中曾经一度陷入过困顿，这里也特别感谢同学赵璐洁的帮助。以上两位现在都在欧洲求学，遥祝她们一切顺利，学有所成。

能够坐在笔记本前，敲下漫漫十多万字，少不了其他人在生活上的帮助。在这里，要感谢杨传剑，感谢室友陶昶煜、李文睿和朱奕彰，感谢同学丰俊林、杨子逸、杨樾、王国乾，感谢郑棒、李华铭、刑美英、吴宇佳，感谢老许。除此之外，承蒙太多关照，无法在这里一一赘述。

翻译过程中恰逢自己毕业离校，难免面对熟悉的人各奔前程。如果说毕业典礼上的风光犹如浓缩了昔日在校期间的所有精华，那么平平淡淡的校园生活就相当于在这场浓缩里扮演了踱步和小流的角色。前者是突变论者喜闻乐见的场景，而后者则是渐进主义者青睐的论调。初入社会的不少同学在面对毕业这个突变时显示出了前所未有的谨慎，因为这意味着之前平静和按部就班的生活随即荡然无存。

也许人们对于生活的期许有赖于对生活本身的看法，尤其是对于生活到底是离散还是连续的看法。相信生活是离散的人大概会更看重生活中的突变，就像相信生物进化依赖于突变的孟德尔学派；认为生活是连续的人大概更愿意强调眼前的每一件小事，正如愿意在生物进化中寻找每个微小改变的渐进主义学派。不过正如书中所说，突变论和渐进论的争论将生物进化的问题带上了一条歧途。问题的关键不在于变化剧烈与否，而在于给生活带来变化的动力起源于何处。

早先有许多相识的人会诧异于我在翻译文章和书的事实。我的专业和翻译没有任何关系，甚至于可能几乎不用跟英语打交道。外语和语文本身并非我的兴趣，后者几乎可以说是软肋。也许大家常常会太过于关注一个突变的实际意义，突变可以是单基因突变，乃至于单核苷酸突变。除了错义突变和无义突变之外，单核苷酸突变也可以是同义突变。这类似于日本科学家木村资生提出的中性突变理论的事实基础：大部分的突变都缺乏进化上的意义。它们既不好，也不坏。

我们起于殊途，也许归于同处。

中性突变出的翻译功底，想必会有不少文字和内容上的纰漏，望指正，望海涵。

未来，属于终身学习者

> 我这辈子遇到的聪明人（来自各行各业的聪明人）没有不每天阅读的——没有，一个都没有。巴菲特读书之多，我读书之多，可能会让你感到吃惊。孩子们都笑话我。他们觉得我是一本长了两条腿的书。
>
> ——查理·芒格

互联网改变了信息连接的方式；指数型技术在迅速颠覆着现有的商业世界；人工智能已经开始抢占人类的工作岗位……

未来，到底需要什么样的人才？

改变命运唯一的策略是你要变成终身学习者。未来世界将不再需要单一的技能型人才，而是需要具备完善的知识结构、极强逻辑思考力和高感知力的复合型人才。优秀的人往往通过阅读建立足够强大的抽象思维能力，获得异于众人的思考和整合能力。未来，将属于终身学习者！而阅读必定和终身学习形影不离。

很多人读书，追求的是干货，寻求的是立刻行之有效的解决方案。其实这是一种留在舒适区的阅读方法。在这个充满不确定性的年代，答案不会简单地出现在书里，因为生活根本就没有标准确切的答案，你也不能期望过去的经验能解决未来的问题。

湛庐阅读APP：与最聪明的人共同进化

有人常常把成本支出的焦点放在书价上，把读完一本书当做阅读的终结。其实不然。

> 时间是读者付出的最大阅读成本
> 怎么读是读者面临的最大阅读障碍
> "读书破万卷"不仅仅在"万"，更重要的是在"破"！

现在，我们构建了全新的"湛庐阅读"APP。它将成为你"破万卷"的新居所。在这里：

- 不用考虑读什么，你可以便捷找到纸书、有声书和各种声音产品；
- 你可以学会怎么读，你将发现集泛读、通读、精读于一体的阅读解决方案；
- 你会与作者、译者、专家、推荐人和阅读教练相遇，他们是优质思想的发源地；
- 你会与优秀的读者和终身学习者为伍，他们对阅读和学习有着持久的热情和源源不绝的内驱力。

从单一到复合，从知道到精通，从理解到创造，湛庐希望建立一个"与最聪明的人共同进化"的社区，成为人类先进思想交汇的聚集地，共同迎接未来。

与此同时，我们希望能够重新定义你的学习场景，让你随时随地收获有内容、有价值的思想，通过阅读实现终身学习。这是我们的使命和价值。

湛庐阅读APP玩转指南

湛庐阅读APP结构图:

12+图书订阅服务
纸质书
有声书
电子书
读什么

湛庐阅读APP

怎么读
泛读:一书一课
通读:通识课
精读:精读班

优秀的读者和终身学习者
与谁共读

跟谁读
作者、译者、专家、推荐人和阅读教练

三步玩转湛庐阅读APP:

读一读 ▼

湛庐纸书一站买,
全年好书打包订

书城

听一听 ▼

泛读、通读、精读,
选取适合你的阅读方式

扫一扫 ▼

买书、听书、讲书、
拆书服务,一键获取

扫一扫

APP获取方式:
安卓用户前往各大应用市场、苹果用户前往APP Store
直接下载"湛庐阅读"APP,与最聪明的人共同进化!

使用APP扫一扫功能，
遇见书里书外更大的世界!

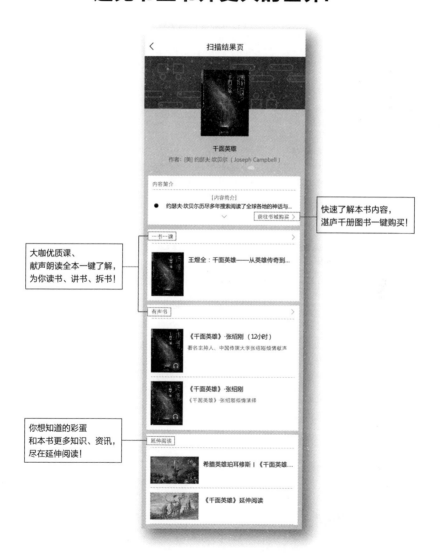

大咖优质课、
献声朗读全本一键了解，
为你读书、讲书、拆书!

快速了解本书内容，
湛庐千册图书一键购买!

你想知道的彩蛋
和本书更多知识、资讯，
尽在延伸阅读!

延伸阅读

《动物武器》

◎ 动物世界版的《竞争战略》，"知识大融通"的新博物学。从动物武器到人类战争，一本书读懂武器进化史。

◎ 著名学者、"伯凡时间"创始人吴伯凡，华大基因 CEO 尹烨，北京大学生命科学学院教授谢灿，《三联生活周刊》主笔贝小戎，国家博物馆讲解员河森堡，社会生物学之父爱德华·威尔逊等知名大咖鼎力推荐！

◎ 荣获美国大学优等生联谊会"科学图书奖"，一本有趣又有料的"新博物学"佳作！

使用"湛庐阅读"APP，"扫一扫"获取本书更多精彩内容
ISBN 978-7-213-08522-2

《半个地球》

◎ "社会生物学之父"、两届普利策奖得主、进化生物学先驱、殿堂级的科学巨星爱德华·威尔逊重磅新书！

◎ 北京大学哲学系教授刘华杰，中国科学院大学教授李大光，分享收获农场执行董事、"全球40岁以下影响食物系统的20人"农人石嫣，《大转向》作者史蒂芬·格林布拉特，科普作家奥利弗·萨克斯，著名全球发展问题专家杰弗里·萨克斯鼎力推荐！

◎ 爱德华·威尔逊继《生命的未来》与《缤纷的生命》之后又一聚焦生物多样性、关注全球物种灭绝的倾情力作！亚马逊年度最佳科学图书！

使用"湛庐阅读"APP，"扫一扫"获取本书更多精彩内容
ISBN 978-7-213-08428-7

《人类存在的意义》

◎ "社会生物学之父"、两届普利策奖得主、进化生物学先驱、殿堂级的科学巨星爱德华·威尔逊最新力作！

◎ 北京大学哲学系教授刘华杰，美国前副总统阿尔·戈尔，环境保护主义理论家、畅销书《幸福经济》作者比尔·麦吉本，著名脑神经学家、科普作家奥利弗·萨克斯，著名全球发展问题专家、畅销书《贫穷的终结》作者杰弗里·萨克斯鼎力推荐！

使用"湛庐阅读"APP，"扫一扫"获取本书更多精彩内容
ISBN 978-7-213-08436-2

《上帝的手术刀》

◎ 雨果奖得主郝景芳、清华大学教授颜宁倾情作序！雨果奖得主刘慈欣、北京大学教授魏文胜、碳云智能首席科学家李英睿、《癌症·真相》作者菠萝、《八卦医学史》作者烧伤超人阿宝联袂推荐！

◎ 一本细致讲解生物学热门进展的科普力作，一本解读人类未来发展趋势的精妙"小说"。

使用"湛庐阅读"APP，"扫一扫"获取本书更多精彩内容
ISBN 978-7-213-07975-7

图书在版编目（CIP）数据

适者降临/（美）瓦格纳著；祝锦杰译.—杭州：浙江人民出版社，2018.2

ISBN 978-7-213-08616-8

Ⅰ.①适… Ⅱ.①瓦… ②祝… Ⅲ.①进化论–研究 Ⅳ.① Q111

中国版本图书馆 CIP 数据核字（2018）第 014975 号

浙 江 省 版 权 局
著作权合同登记章
图 字：11-2018-58 号

上架指导：生命科学 / 科普读物

适者降临

[美] 安德烈亚斯·瓦格纳　著

祝锦杰　译

出版发行：浙江人民出版社（杭州体育场路 347 号　邮编　310006）

　　　　　市场部电话：（0571）85061682　85176516

集团网址：浙江出版联合集团　http://www.zjcb.com

责任编辑：蔡玲平

责任校对：朱　妍　张志疆

印　　刷：石家庄继文印刷有限公司

开　　本：720mm×965mm 1/16　　　印　张：17.5

字　　数：207 千字　　　　　　　　插　页：1

版　　次：2018 年 2 月第 1 版　　　印　次：2018 年 2 月第 1 次印刷

书　　号：ISBN 978-7-213-08616-8

定　　价：72.90 元